气动系统的基础特性与计算

许未晴　蔡茂林　石　岩　编著

机械工业出版社

本书介绍了气动技术的发展现状、应用领域及特点，讲解了空气的基本性质、热力学和流体力学的基本理论和基本方程，并应用所述基础理论，分析了气动系统的三个基本特性：流量特性、容腔充放气特性和管道内的流动特性，阐述了气动系统特性分析的基本方法，并介绍了实现动力输出的最基本和普遍的气缸驱动系统特性，压力调节阀、比例阀与伺服阀等的工作特性以及气动伺服系统与数字控制及作者所在课题组最新的研究进展，包括气动功率和等温容器。

本书可供从事气动工作的工程技术人员使用，也可用作高等院校流体传动与控制专业的教材。

图书在版编目（CIP）数据

气动系统的基础特性与计算/许未晴，蔡茂林，石岩编著．—北京：机械工业出版社，2021.12

ISBN 978-7-111-69908-8

Ⅰ.①气… Ⅱ.①许… ②蔡… ③石… Ⅲ.①气动技术-教材 Ⅳ.①TP6

中国版本图书馆CIP数据核字（2021）第261037号

机械工业出版社（北京市百万庄大街22号 邮政编码100037）

策划编辑：张秀恩 责任编辑：张秀恩 王春雨

责任校对：樊钟英 张 薇 封面设计：马精明

责任印制：常天培

北京九州迅驰传媒文化有限公司印刷

2022年3月第1版第1次印刷

169mm×239mm · 9.5印张 · 158千字

0 001—1 500册

标准书号：ISBN 978-7-111-69908-8

定价：65.00元

电话服务 网络服务

客服电话：010-88361066 机 工 官 网：www.cmpbook.com

010-88379833 机 工 官 博：weibo.com/cmp1952

010-68326294 金 书 网：www.golden-book.com

 机工教育服务网：www.cmpedu.com

前　言

气压传动学是机械传动学的重要分支，广泛应用于机械、自动化、制造和新能源等领域。气动系统是气压传动系统的简称。

气动系统利用空气的状态变化及流动传送动力，对负载施加力，并驱动负载运动。力和速度是考量驱动性能的两个主要因素，在气动系统中分别由压力和流量衡量。由于压缩空气在气动系统内部流动，广义上气动系统可视为多个容腔的串并联组合，容腔之间用小孔连接，空气经小孔在容腔之间流动，这种流动会引起容腔压力的变化，从而进一步引起流量的变化。因此，容腔和小孔是构成气动系统最基本的元素。与之相对应，气动系统的基础特性主要包括容腔充放气特性和流量特性。本书以这两个特性为基础，由浅入深地讲解了气动系统特性计算的普遍方法。

本书是根据国家教委高等工科院校机械电子工程专业气压传动学研究生教材的基本要求，以作者2010年在日本工业出版社出版的《压缩性流体的测量与控制》（《圧縮性流体の計測と制御》）一书为基础，重新编著而成。

本书可以作为高等工科院校机械电子工程专业以及其他相关专业研究生的教材，也可供相关专业的教师、科研工作者和工程技术人员参考。

本书在编写过程中，日本东京工业大学香川利春教授和北京航空航天大学焦宗夏教授等提出了许多宝贵意见，在此对他们表示诚挚的谢意。

由于作者水平有限，本书难免存在缺点和不足之处，诚请广大读者及时给予指正。

编　者

目　录

前　言
第 1 章　绪论 …… 1
1.1　气动技术的简介 …… 1
1.2　气动技术的历史 …… 1
1.3　气动技术的现状 …… 3
1.3.1　应用的分类 …… 3
1.3.2　市场 …… 4
1.3.3　主要的技术指标 …… 5
1.4　气动技术的特点 …… 5
1.4.1　优点 …… 5
1.4.2　缺点 …… 6
1.4.3　与其他传动方式的比较 …… 6
1.5　典型的气动系统及其应用 …… 7
1.5.1　气动点焊 …… 7
1.5.2　非接触搬运 …… 8
1.5.3　气力输送 …… 9
1.5.4　气动工具 …… 10
1.5.5　压缩空气储能 …… 11
1.6　学习本书的目的 …… 12
第 2 章　空气的基本性质 …… 14
2.1　空气的组成 …… 14
2.2　空气的状态表示 …… 15
2.2.1　压力 …… 15
2.2.2　温度 …… 17
2.2.3　体积 …… 17
2.2.4　基准状态与标准状态 …… 17

2.3　空气的质量和密度 …… 19
2.4　空气中的水分 …… 19
2.4.1　饱和水蒸气和饱和水蒸气压 …… 19
2.4.2　绝对湿度与相对湿度 …… 20
2.4.3　水蒸气的凝结 …… 21
2.5　空气的黏度 …… 23
第3章　气动系统中的热力学 …… 26
3.1　状态方程 …… 26
3.1.1　波义耳定律 …… 26
3.1.2　查理定律 …… 27
3.1.3　比热容 …… 28
3.1.4　热力学第一定律 …… 29
3.2　气体的能量 …… 30
3.3　气体的状态变化 …… 32
3.3.1　等压变化 …… 32
3.3.2　等容变化 …… 32
3.3.3　等温变化 …… 32
3.3.4　绝热变化 …… 33
3.3.5　多变变化 …… 33
第4章　气动系统中的流体力学 …… 34
4.1　流体运动的描述 …… 34
4.1.1　流线（欧拉法）与迹线（拉格朗日法） …… 34
4.1.2　定常与非定常 …… 35
4.1.3　层流与湍流 …… 35
4.1.4　可压缩流体与不可压缩流体 …… 35
4.2　质量连续方程 …… 36
4.3　动量方程（欧拉方程） …… 37
4.4　能量方程（伯努利方程） …… 37
第5章　流量特性 …… 39
5.1　流量的定义 …… 39
5.2　小孔的流量特性 …… 41
5.3　流量特性的表示 …… 46

5.4　有效截面积（S_e）表示的流量特性 …… 47
5.4.1　有效截面积 S_e 值的测量公式 …… 47
5.4.2　声速放气法 …… 48
5.5　声速流导（C）表示的流量特性 …… 49
5.5.1　临界压力比的变化 …… 49
5.5.2　流量表示式 …… 50
5.5.3　声速流导 C 值与临界压力比 b 值的测量方法 …… 51
5.6　C_v 值、K_v 值和 A 值 …… 52
5.6.1　C_v 值和 K_v 值 …… 52
5.6.2　A 值 …… 53
5.6.3　C_v 值与 C 值的换算 …… 53
5.7　管道的流量特性 …… 54
5.8　ISO 6358 修订 …… 56
第6章　容腔充放气 …… 57
6.1　基本方程 …… 57
6.1.1　压力微分方程式（状态方程） …… 58
6.1.2　温度微分方程式（能量方程） …… 58
6.1.3　多变过程（包含等温过程和绝热过程）方程式 …… 59
6.2　无因次方程 …… 62
6.2.1　基准量 …… 62
6.2.2　无因次数学模型 …… 63
6.2.3　无因次压力与温度的响应 …… 65
6.3　容腔内平均温度的测量法——止停法 …… 67
第7章　气动功率 …… 69
7.1　空气消耗量 …… 69
7.2　压缩空气的绝对能量——焓 …… 71
7.3　压缩空气的相对能量——有效能 …… 72
7.3.1　气动系统中的能量转换 …… 72
7.3.2　空气的压缩与做功 …… 72
7.4　气动功率 …… 74
7.4.1　定义 …… 74
7.4.2　构成 …… 75

7.4.3　温度的影响 ………… 76
7.4.4　动能的影响 ………… 78
7.5　损失分析 ………… 78
7.5.1　气动功率的损失因素 ………… 78
7.5.2　气动系统的系统损失 ………… 79
第8章　管道内的流动 ………… 82
8.1　分布参数的动态模型 ………… 83
8.2　方程的离散化 ………… 85
8.2.1　差分格式 ………… 85
8.2.2　差分方程 ………… 86
8.3　数值计算例及其步骤 ………… 89
8.3.1　数值计算例 ………… 89
8.3.2　数值计算流程图 ………… 90
8.3.3　数值计算结果 ………… 90
第9章　气缸驱动系统的特性 ………… 94
9.1　速度控制回路 ………… 94
9.2　排气节流回路 ………… 95
9.2.1　基础方程式 ………… 96
9.2.2　气缸速度的收敛特性 ………… 97
9.2.3　无因次参数与无因次响应 ………… 98
9.2.4　能量分配 ………… 101
第10章　压力调节阀 ………… 102
10.1　减压阀的工作原理与特性 ………… 103
10.1.1　工作原理 ………… 103
10.1.2　流量特性 ………… 104
10.1.3　压力特性 ………… 105
10.2　直动型与先导型减压阀 ………… 107
10.2.1　直动型减压阀 ………… 107
10.2.2　先导型减压阀 ………… 110
10.3　带容腔负载减压阀的压力响应 ………… 112
10.4　增压阀的工作原理与特性 ………… 113
10.4.1　工作原理 ………… 113

10.4.2 流量特性、压力特性与充气特性 …… 114
第11章 比例阀与电/气伺服阀 …… 117
11.1 比例控制阀 …… 118
11.1.1 流量比例控制阀 …… 118
11.1.2 压力比例控制阀 …… 119
11.1.3 特性表示 …… 120
11.2 喷嘴挡板型伺服阀 …… 121
11.2.1 分类及工作原理 …… 121
11.2.2 喷嘴机构的特性解析 …… 123
第12章 气动伺服系统与数字控制 …… 125
12.1 气动伺服系统的分类 …… 126
12.2 空气容腔内压力控制 …… 127
12.2.1 基础方程式与控制方框图 …… 127
12.2.2 温度变化对控制的影响 …… 129
12.3 气缸的定位控制 …… 130
12.4 使用高速开关阀的数字控制 …… 130
第13章 等温容器 …… 133
13.1 什么是等温容器 …… 133
13.1.1 等温化的有利性 …… 133
13.1.2 等温原理 …… 134
13.1.3 等温性能 …… 134
13.2 等温容器的应用 …… 136
13.2.1 流量特性的测量 …… 136
13.2.2 空气消耗量的测量 …… 137
13.2.3 非定常流量的产生 …… 139
参考文献 …… 141

第1章　绪　　论

本章首先对气动技术进行定义，其次，对气动技术的发展历程以及应用案例做了简要的介绍，并叙述了气动技术的应用现状、分类、市场规模以及主要的技术指标。然后，比较了机械、流体以及电气系统，从购置成本、输出功率、维护性以及柔性等角度对气动系统的特征进行说明。

1.1　气动技术的简介

气动技术是将广泛存在于人们周围的空气作为介质，利用空气的状态变化及流体的运动来实现动力传送的技术。

基于气动技术构成的系统称为气动系统。以大气环境压力为基准，可将气动系统分为正压系统与负压系统。正压系统是采用空气压缩机产生压缩空气，用管道将压缩空气输送至用气侧的气缸和气动工具等，在用气侧压缩空气释放能量驱动机械做功的系统。负压系统是采用真空泵、引射器发生真空，用吸盘对生产线上的工件进行吸附的系统。总之，气动系统实现了推、拉、搬运、旋转以及抓取等人工作业的机械化。

目前，气动技术作为自动化的重要技术正在产业的所有分支上普及，并承担了工厂自动化（Factory Automation）领域的部分任务。

1.2　气动技术的历史

气动技术的应用可以追溯到原始时代，狩猎用的吹矢及埃及时代生火的风箱等是其最初的应用。吹矢和风箱是当时对人类生存扮演重要角色的伟大的气动机械。

很多现代工业技术的历史都不超过百年，而气动技术从原始时代开始使用是因为空气的获取容易、使用简单。干净的空气在任何地方、任何时间都能获得，因此，到现在这些仍是气动技术最大的优点。

气动技术在工业领域的应用始于18世纪欧洲兴起工业革命之时。1776年，英国的实业家John Wilkinson发明了世界上首个输出压力0.1MPa的空气压缩机；其后的1850年，Bartlett发明了采矿用蒸汽钻头；1880年，West house Electric制作了基于气缸机构的汽车用气动制动机构。

20世纪30年代，气动技术在汽车自动门开关装置、土木建筑机械、各种辅助运动的机械中开始应用，并逐步地向工业界渗透和发展，但是大规模工业自动化应用并不多。

20世纪70年代，汽车产业开始了自动化生产，这刺激了气动机械的开发，并且相关的基础技术和应用技术开始发展。由于液压技术伴同重工业的兴起，先于气动技术发展，这个时候的气动技术继承了液压技术的研究方法和手段。液体属于不可压缩流体，而空气属于可压缩流体，作为流体工程中两种介质，二者之间存在差异。从那个时代开始，采用液压和气动两个术语以作区分。当时的气动机械与液压机械的几何特征相似，且大尺寸元件占多数。

进入20世纪80年代，多种新材料被开发，机械零件的加工技术及密封技术快速发展，控制信号传输处理相关的电子技术进步，机械电子的复合制品被大量开发。在这个时期，气动机械向小型化、高速化、低功率化和多功能化发展，同时，流量开关、增压阀、制动气缸、连续传送系统等新的机械被开发。当今，各气动机械生产商产品目录上的产品大多数是这个时期开发出来的。此后，集装式电磁阀的普及，气动机械的外观与之前比日益改变。20世纪80年代，气动技术发展的另一个重点是气动机械标准化事业的推进当时制定了很多JIS标准和工业协会标准。这些标准的制定大大促进了气动技术的发展。为此后气动机械向工厂自动化领域的普及做出了贡献。因此，20世纪80年代是气动技术发展中最重要的10年。

20世纪90年代，随着半导体技术的成功，开启微电子时代半导体产业激起的波动也开始波及到气动产业。这个时期的气动机械进一步向集成化、节能化和信息化方向发展。芯片和电子产品等小型零件搬运用的气爪等小型气动机械被频繁使用。接口为M5、$\phi 4$、$\phi 6$的小口径电磁阀被大量应用。由于计算机的普及，气动系统的设计手段从根据实验测量的特性图转变为运用计算机仿真解析气动系统方程。1997年，联合国在日本召开防止地球变暖的京都会议以来，为应对低成本、易于使用以及节能的气动系统的需求，多个企业实施了气动系统的节能工作。综上所述，气动技术顺应社会的潮流发展，今后这个规律依然不会改变。

1.3　气动技术的现状

1.3.1　应用的分类

气动技术利用了空气的流体力学和热力学性质，与航空航天领域的空气动力学不同。气动技术中对空气的利用主要分为以下 3 个类型。

1. 压力的利用

空气压的利用是最广泛的。正压系统和负压系统的压力与大气压力不同而可以对外做功。例如，向气缸的一侧容腔供给压缩空气，压差推动活塞运动来搬运或推动物品。各种各样的气动作动器利用压力实现做功。气缸、摆动缸、吸盘、钻头等作动器在搬运、推、拉、回转、抓取等作业自动化中发挥主要作用。这些气动作动器利用形式推动气动技术发展至今，占所有利用形式的 90%。

气动作动器的用途广泛，包括挤压机械、抵抗熔接机、工程机械、建筑机械、包装机械和自动开关门等。用量最大的是结构简单的气缸。目前，气缸在汽车、家电、IT、化学、印刷、服装、采矿、建筑、农业、食品、制药、烟草等产业中得到应用。

2. 流动的利用

空气流动特性多样，按照特性利用的不同，可大致分为：

（1）喷吹（airblow）　利用流体的动能，将零件表面的赃物及污水带走。在部分工厂，喷吹消耗的空气量占总用气量的一半以上。在工厂之外，可以利用喷吹气流将冷热空气进行隔离。

（2）粉末颗粒的输送　大米、小麦等谷物，石灰、水泥等粉末物与气流混合，并随着气流在管道内流动、输送至目标地点。输送的方式又分吸引式和压送式。空气的输送在化工厂、发电厂、粮食加工厂等多处得到应用。

（3）空气轴承　空气吹入两个相互滑动面之间的间隙形成空气薄膜，使两滑动面之间的摩擦力减小，甚至可以忽略不计，可以实现平滑的搬运和位置控制，广泛应用于半导体加工等高精密加工及测量设备的制造。

（4）气体的微位移测量　一般采用喷嘴挡板结构，喷嘴和流量计构成测量元件，被测工件作为挡板，将被测工件放置于喷嘴出口，空气从喷嘴口流出受到工件的阻挡，距被测工件越近，气体的流量越小，建立流量与工件的距离关系，可根据流量测量距离。

（5）真空发生机构　真空喷射器是真空发生中具有代表性的机构，常常作为非接触式搬运的真空发生机构来使用。真空发生机构主要分为 2 种：一种是利用伯努利（Bernoulli）原理将压力势能转化为动能，真空喷射器属于这种类型。近年来，基于伯努利原理开发的非接触吸盘已面市，可应用于显示器玻璃的非接触搬运；另一种是产生回旋流动，利用离心力发生真空，由于回旋流产生的真空度低，适用于重量轻的物件搬运。

3. 压缩性的利用

由于空气是压缩性流体，利用这个特性的应用有很多。气弹簧和气垫是其中最具代表性的应用。气弹簧在汽车的悬架系统及减振器中得到了应用，由于气弹簧固有频率低，可以隔离高频振动。气垫一般作为高速重载气缸的标准配件，当活塞达到行程末端时，吸收活塞对缸体的冲击。此外，气垫在日常生活中可以用于门开关过程中的减速。

基于上述 3 种利用形式的多种应用正在不断被开发，气动技术不只是一般所认为的驱动技术，从工业现场的机械设备到人们身边的各种设施，气动技术正在以各种形式出现，并为提高人类的生活质量做贡献。

1.3.2　市场

20 世纪 70 年代，液压产品与气动产品的销售额之比为 9:1。近 30 年间气动技术大幅成长，目前的比值为 5:5。由于气动产品的价格大大低于液压产品，同样销售额的气动产品数量及应用范围远超过液压产品。

2006 年，全世界气动产品的销售额约 150 亿美元。从用户的分布来看，形成以日本为中心的亚洲、以美国为中心的美洲和以德国为中心的欧洲三大市场。就知名的厂商来说，主要有日本的 SMC，德国的 Festo 和美国的 Parker。

气动机械不是作为独立的设备而存在的，多是作为各种生产设备的辅助机械。气动产品在各种场合正在满足各种设备的需求，品种正以惊人的速度增加。

以 SMC 为例，当前品种已达到9100种，型号530000个。

近年来，在新兴市场中国，气动产品的销售量在市面上以每年20%～30%的速度增长。气动产品市场已经饱和的论断尚早。今后，气动技术仍会发展下去。

1.3.3 主要的技术指标

经过近30多年的发展，目前气动技术的主要指标如下。

（1）结构紧凑 薄型、超小型产品正被开发。宽6 mm的电磁阀、内径2.5mm的气缸、M3的管接头相继面市。

（2）高精度 过滤精度0.01μm的过滤器、输出精度为0.1%的压力比例阀、定位精度0.1mm的气动伺服系统正被售卖。

（3）高响应 小型电磁阀的响应时间达到5ms以下。

（4）高速 高速气缸的最高速度达到3m/s。

（5）高可靠性 电磁阀的寿命可达3000万次、气缸寿命超过2000km。

（6）低能耗 耗电达1W以下的电磁阀产品不断增加，最低耗电可达0.1W。

（7）重量轻 由于铝合金、塑料等新材料的使用，产品的重量大大减轻。重量为4g的电磁阀已被开发出来。

（8）无油 免油润滑的电磁阀和气缸适用于食品、医药和IT等需要清洁生产的行业。

（9）功能集成 装备通信功能的流量开关等测量器件、串口通信的集装式电磁阀等多功能一体化、集成化的产品正在增加。

1.4 气动技术的特点

气动系统给人留下了低价、清洁、操作和维护简单等印象。下面分别叙述气动技术的优点和缺点。

1.4.1 优点

（1）清洁 空气取之不尽，即可以从大气中任意获取和排出。对环境没有污染，不需要空气回收回路。特别适用于无污染的食品行业。

（2）环境适应性强　即使是在粉尘多、湿度高、易爆、辐射、强磁场、冲击大的环境下，都能安全可靠运行。与其他传动方式相比有优越的防爆性能。

（3）长距离输送　空气的黏性小，流动的损失远小于油压，可实现集中供气和长距离的输送。

（4）构造简单　由于气动机械的构造简单，操作及维护容易，成本低。

（5）输出易调整　通过减压阀调节供气压力，就可以实现气缸压力的无级调节。而且调节阀的开度，就可以在大范围稳定地调节气缸的运动速度。特别是，与其他传动方式相比更容易实现高速运动。

（6）储能　利用压缩性储能，在短时间内释放，可以获得高速和冲击特性。即使是小型气源也能在瞬间大量做功。

（7）力保持性　气动系统非常适用于工厂自动化中存在的多种力保持作业。只需要关闭供气阀即可实现无能耗的力保持。

（8）抗过载　气动系统即使过载也不会像电气系统一样烧毁，打开安全阀即可卸载。

（9）柔性　由于空气的压缩性，作动器具有柔性。在自动开关门以及动力辅助装置中应用，即使发生故障也不会伤到人。

1.4.2　缺点

（1）难于控制　气动系统固有频率低、输出力小，由于摩擦力对输出的影响大，气缸的中停、低速以及微小位移等控制困难。

（2）低效率　由于压缩能未完全利用，驱动系统整体效率低，运行成本高。

1.4.3　与其他传动方式的比较

气动系统不易控制，因此在精度要求不高的自动化、省力化作业中优势大。与机械、电气、液压等传动方式的比较见表1-1。

表1-1 各种传动方式的比较

比较项目	各种传动方式			
	机械	电气	液压	气动
价格	低	高	高	低
结构	普通	复杂	简单	简单
驱动力	适中	适中	高	中
驱动速度	中	偏高	低	高
力控制	困难	偏难	容易	容易
速度控制	困难	普通	容易	容易
维护	简单	困难	简单	简单
危险性	没有	漏电	漏油	没有
抗过载	困难	困难	偏易	容易
动力源故障	停机	停机	停机	短时间使用
远距离操纵	困难	容易	容易	容易
定位精度	高	高	高	低
配管	不要	简单	复杂	偏复杂
温度的影响	小	大	中	小
湿度的影响	小	大	小	中
振动的影响	中	大	小	小

1.5 典型的气动系统及其应用

1.5.1 气动点焊

电阻点焊主要应用于薄板连接的制造工艺。近年来凭借低成本、易于高速自动化生产等特点电阻点焊技术在航空航天、电子部件、汽车制造等工业领域得到了越来越广泛的应用。目前，每台轿车白车身都有4000~6000个焊点，在汽车车身装配生产中，电阻点焊已经成为最普遍的装配连接方式。

目前，工业中使用的焊枪大部分是气动点焊枪，随着汽车工业的不断发展，广阔的市场需求和激烈的竞争促使各厂家对焊接质量和焊接效率的要求不断提高。为了降低成本、缩小体积、节约各部件空间；提高安装、设置、维修效率；增加焊接系统可靠性并实现与机器人系统的有效集成从而提高汽车生产的自动化和高效化。新的点焊驱动技术得到了长足发展。

如图 1-1 所示，待焊工件在上下电极的压紧下，通以焊接电流，工件的局部被焊接电流加热，中心温度越过了工件的熔点，之后切断电流，熔化的金属在电极压力作用下结晶冷却，将被焊金属紧密地联成一个整体。在焊接过程中，由于电极压力、速度、位置等变化，焊接电流和电阻随时间改变，从而影响焊接质量。气动系统由伺服阀、比例压力阀、驱动气缸和平衡气缸等构成，实现对电极的驱动，以及压力、位移和速度的精确控制，提高焊点质量。

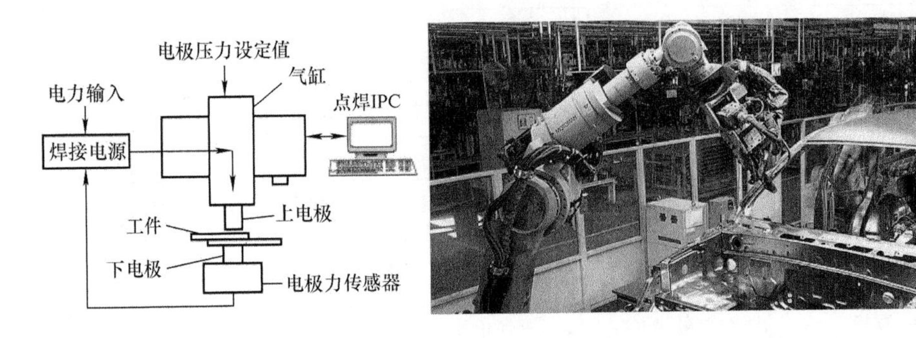

图 1-1　气动电阻点焊示意图和实物图

1.5.2　非接触搬运

非接触搬运主要运用于半导体芯片、CD、玻璃等物件的搬运，基于气动技术构建的非接触搬运系统具有清洁无污染、不发热、不生磁等特点，是当前非接触式搬运领域的主流。其特点是确保物件处于清洁的状态，不会划伤工件，留下吸痕。

气动非接触式搬运技术是压缩空气经过吸附机构产生真空并通过吸附机构与下方平板工件之间的缝隙排出，对下方平板工件产生向上的吸附力，真空吸附力与工件的自重达到平衡实现非接触的向上吸附。

产生真空的方式有两种，图 1-2a 是伯努利式吸附，压缩空气通过小孔或狭缝向平板工件喷射，高速空气流从吸附机构和平板工件之间的间隙中向外排出，空气加速时，由于伯努利效应，动压增加静压减小，产生负压从而吸附起工件；图 1-2b 是旋回流式吸附，旋回流是高速旋转的流动，在离心力的作用下，旋转中心空气稀薄而产生的负压，将下方工件吸附。

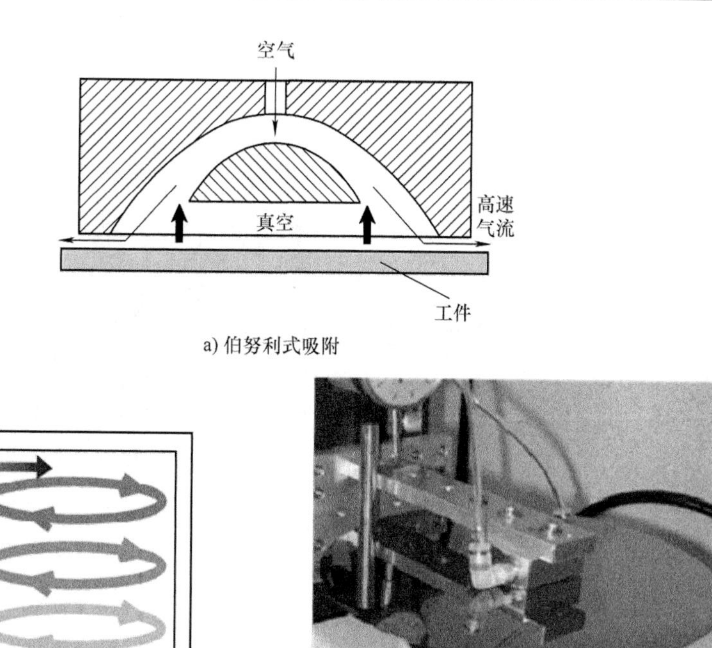

a) 伯努利式吸附

b) 旋回流式吸附

图 1-2 非接触式硅晶片搬运

1.5.3 气力输送

气力输送是在密闭管道内，利用气流的动能，沿气流方向，输送颗粒物料的一种输送方式。与常规机械输运和车辆输运相比，具有输送效率高、设备结构简单、维护管理方便、易于实现自动化及有利于环境保护等许多独特的优点。因此，气力输送已经广泛应用于化工、冶金、制药、热力发电等行业的输送颗粒物料。另外，随着国家对环保要求的越发严格，改善工业粉尘污染的现状将极大地推动气力输送行业的不断发展。

一般情况下，气力输送系统由气源装置、供料装置、输送管路、料气分离机构四个基本部分组成。利用鼓风机或空气压缩机产生低压空气，经调节阀、喷嘴增速，从料斗下落的颗粒物料经加料器，进入高速气流区后在气动力作用下呈悬浮状态，进入输送管道，送至指定的卸料点，经分离器将气体与物料分离，进入出料器，气体经除尘器后排出，完成输料过程。图 1-3 是典型的气力输送系统示意图和实物图。

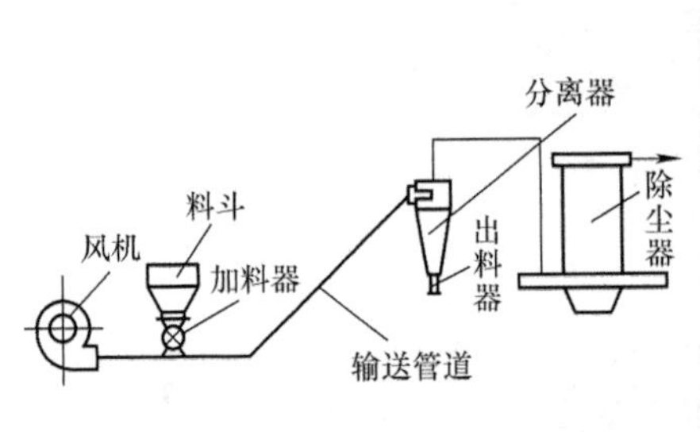

图 1-3　典型的气力输送系统示意图和实物图

1.5.4　气动工具

气动工具是指以压缩空气为动力，进行机械作业的便携式工具，可使人们摆脱繁重的体力劳动实现机械化。气动工具可以几倍、十几倍乃至几十倍的提高劳动生产效率改善作业条件，保证加工质量。气动产品包括气砂轮、气钻、气扳机、气动铆钉机等，以其工作效率高、轻巧便携、安全可靠、使用维修方便等特点，广泛服务于飞机、船舶、汽车、家电、能源、化工、建材、家具装潢等多类机械制造领域，成为必不可少的机械化生产设备。

多数气动工具以气动马达为动力源，只要控制进气阀或排气阀的开度，即可控制压缩空气的流量，就能调节马达的输出功率和转速，从而达到调节转速和功率的目的；工作安全，不受振动、高温、电磁、辐射等影响，适用于恶劣的工作环境，在易燃、易爆、高温、振动、潮湿、粉尘等不利条件下均能正常工作；有过载保护作用，不会因过载而发生故障；具有较高的起动力矩，可以直接带载荷起动等。正是因为气动马达具有以上优点，因而气动马达广泛应用于振动冲击大，高温、潮湿等比较恶劣的环境中。

图 1-4a 所示是叶片式气动马达，主要由定子 3、转子 2 和叶片 1 等组成，当压缩空气从进气口 A 进入气室后立即喷向叶片作用在叶片的外伸部分，产生转矩带动转子作逆时针转动，输出旋转的机械能，废气从排气口 C 排出。在气动马达的驱动下，拧紧器旋转，实现对螺栓的拧紧操作。图 1-4b 是螺栓拧紧实物图。

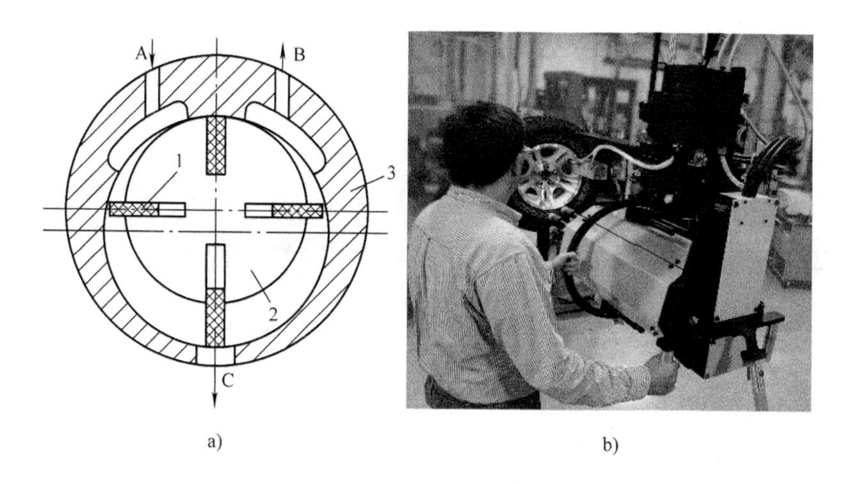

a)　　b)

图 1-4　气动马达示意图和螺栓拧紧机实物图

1—叶片　2—转子　3—定子

1.5.5　压缩空气储能

现代社会过分依赖化石能源，化石能源的燃烧严重污染了环境，破坏了生态。随着化石能源的减少，新能源的开发变得越来越重要。可再生能源是新能源的重要组成部分，如风能和太阳能。但其具有间歇性和不稳定性的特点，不能大规模接入电网应用。

压缩空气储能技术是在可再生能源产生时收集储存，在电网需要时释放，调整供需之间的关系，提高电网运行稳定性和经济性的技术。它具有动态吸收能量并适时释放的特点，能有效弥补可再生能源的间歇性和波动性缺点，改善电场输出功率的可控性，提高稳定性。

自 1949 年压缩空气储能技术被 Stal Laval 提出至今，世界上已有 2 个商业化运行的压缩空气储能电站，第 1 座是位于德国洪托夫的 Huntorf 电站，第 2 座是位于美国阿拉巴马州的 Mclntosh 电站。目前，建成的压缩空气储能电站基本上属于此种类型，在发电环节采用燃气补热的方式提高发电效率，而储气室多利用可溶性盐层形成的地下洞穴。

压缩空气储能设备主要由压缩机组、发动机组、燃气涡轮和地下洞穴构成，如图 1-5 所示。压缩空气用于燃烧室中天然气燃烧，得到的高温高压气体在燃气轮机中膨胀驱动发电机产生电力，减少了燃气轮机约 2/3 的压缩功率消耗。

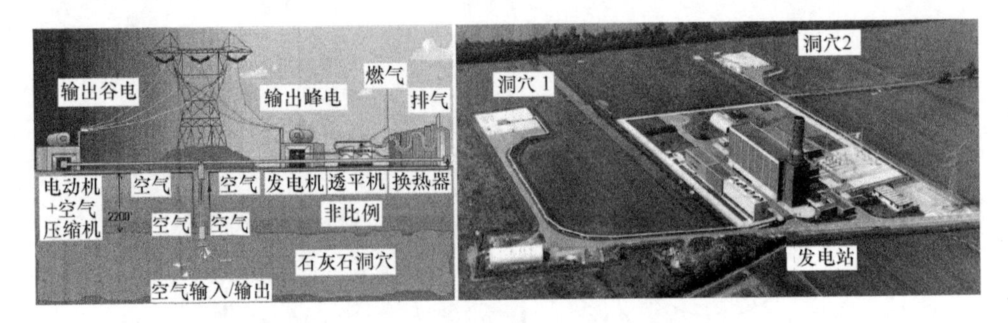

图 1-5　压缩空气储能系统示意图和 Huntorf 电站

1.6　学习本书的目的

前面的讨论是想让读者对气动系统有一个全面的认识，并激励读者继续学习下面的章节。当你继续读下去，就会发现本书是对气动技术基本的、初步的、指导性的介绍，强调基本原理、基本特性和基本方法。该书是气动技术的入门教材，适用于在气动技术方面没有任何经验的初学者。这里假定读者对热力学、流体力学有一定的理解，相当于工程学科本科学生的水平。在数学上，读者应对初等微积分有一定的了解。本书成为你整个气动技术学习过程中的第一本教材。本书的目的是为读者提供以下内容：

1）对气动系统原理和性能的了解。

2）气动系统基本控制方程的理解，熟悉基本解算方法。

3）掌握基本元件、基本回路的工作原理以及工作特性。

4）掌握本学科的术语。

当你读完本书时，作者希望你已经具有学习更深层次的气动系统知识、阅读相关文献的能力，以跟踪更为高级的、反映当前技术水平的研究，并且开始将气动技术直接应用于自己所关注的领域。假如上述这些内容中有一个或者几个是你想要得到的，那么你将和作者具有同样的想法。请从第 2 章开始，一直读下去。

图 1-6 所示为本书所涉及内容的路线图。路线图有助于描述作者的思路，让读者明白这些内容如何以合乎逻辑的形式贯穿本书。作者能够体会学生在学

习新的科目时有容易迷失于细节而忽略全貌的倾向。如果你在学习的某个阶段感到迷惑了，不知道自己在做什么，请参考下面的路线图（图 1-6）。

方框 2 代表空气的基本性质是所有章节的基础，空气作为承载气动系统传输动力的介质，其性质决定了气动系统的理论描述方法，以及工程应用中面临的问题。方框 3、4 代表气动系统的理论基础，包括力学描述方法、控制方程。方框 5、6、8 讨论了气动系统的 3 个基本特性，由于任何实际的气动系统均可以抽象为这 3 个基本元素（小孔、容腔和管道）的组合，各自讨论可以达到化繁为简的效果。方框 7 代表气动功率，是描述气动系统能量流动的新方法。方框 9 讨论气缸的驱动特性，气缸是处于气动系统末端的基本执行元件，气缸的驱动特性直接决定了任务执行的效果。方框 10 讨论压力调节阀。方框 11 讨论伺服阀的特性，伺服阀是处于气动系统中部的控制元件，伺服阀的特性决定了任务执行的精确度。方框 12 代表气动控制系统，包括了组成气动系统的典型控制回路。方框 13 代表等温容器是方框 5 和 6 内容的延伸，主要介绍一种特殊容器的工作原理和特性，以及在流量特性检测中的应用。

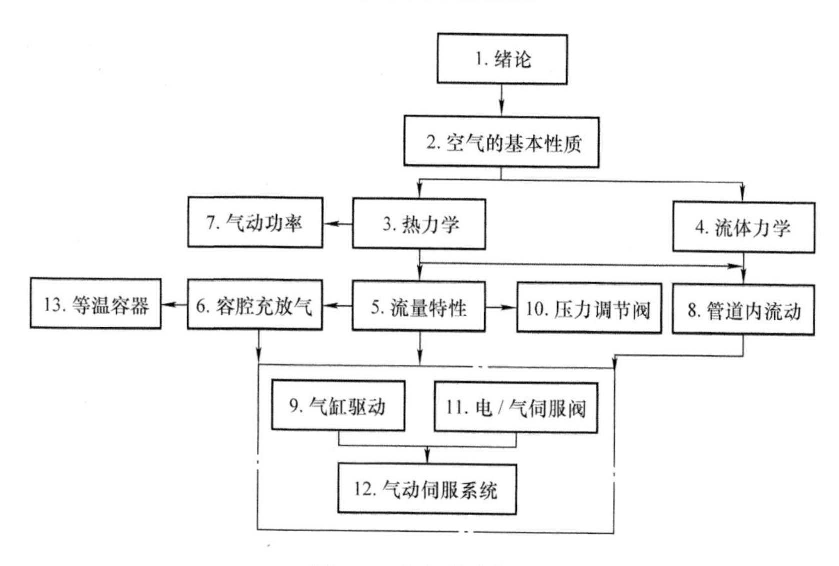

图 1-6　本书的路线图

第2章　空气的基本性质

空气作为承载气动系统传输动力的介质，它的基本性质决定了气动技术的特点，例如，空气取自大气无须回收；与液体和固体相比，空气的密度受环境压力、温度影响更大；与液体相比，空气的黏性小，阻力损失小，适合长距离输送等。此外，与空气性质相关的参数是后续章节描述气动系统的基本物理量。因此，本章主要介绍空气的组成、状态、密度、湿度以及黏性等性质，同时，给出了气动技术中常用参数的定义、单位，归纳了各种单位之间的换算方法。

图2-1为本章各知识点之间的关系图。

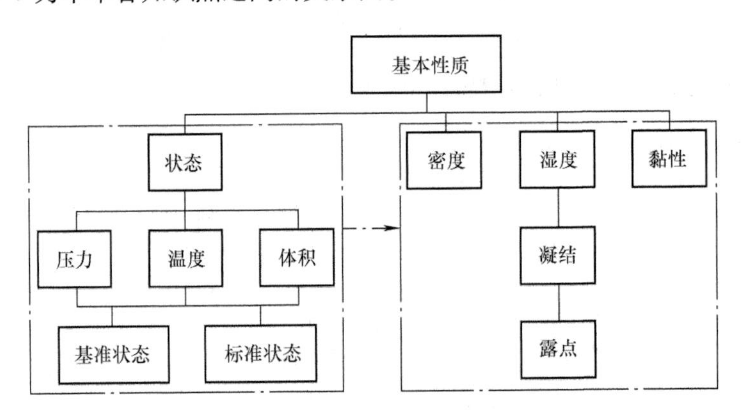

图2-1　本章知识点之间的关系图

2.1　空气的组成

地球上空1000km之内包围的气体称为大气。地表上方15km以内（对流层）的气体称为空气。由于大气中广泛的自然对流，空气的各种成分均匀分布、比例基本不变，包含：N_2，O_2，Ar，CO_2，Ne，Xe，He，Kr。干空气的组成见表2-1中，氮气和氧气占体积和质量的99%左右，其他所有气体总共占1%左右。

注意：表 2-1 中表示不含水分的干空气，而人类呼吸的周围空气实际上是含有水蒸气的湿空气。水蒸气的含量根据地点、时间、风速、温度差异大，占空气重量的 0.02% ~3% 。

除了水蒸气外，气动技术应用的现场环境中油及尘埃等杂质也混合在空气中。这就是气动作动器失效以及管道腐蚀的根源。实际气动系统中，一般采用干燥器及过滤器等空气净化设备将空气中的水蒸气和杂质去除。

表 2-1　干空气的组成（0℃、1atm）

气体	N_2	O_2	Ar	CO_2
体积分数（%）	78.09	20.95	0.93	0.03
质量分数（%）	75.53	23.14	1.28	0.05

注：1atm = 101.325kPa。

2.2　空气的状态表示

空气的状态可用压力、温度和体积等基本状态量来表示。这三个基本状态量各自独立，三者可确定空气的状态。

2.2.1　压力

1. 什么是压力

空气属于气体，与固体和液体的区别在于分子间的距离大，相当于分子平均直径的 9 倍，分子间的引力不起作用。分子在上下、左右、前后方向激烈的运动，导致分子间以及分子与壁面之间碰撞，称为分子的不规则运动。

在放入空气容腔的壁面，由于分子对壁面的撞击，壁面会受到力的作用。大量分子撞击壁面产生的作用力统计值一定，单位面积上的该作用力称为压力。空气压缩后，空气的体积变小、单位体积中的分子数增加，分子碰撞的次数增加，压力上升。

2. 大气压

大气压是大气层中空气的压力。大气压随海拔高度、地区、气象的不同而变化，海拔越高，空气越稀薄，大气压越低。随着季节和天气的变化，大气压会产生微小变化。(气象学中利用这种微小的变化来预测天气)。

1643 年，意大利学者 E Torrieili 最先测量大气压。现在，这个测量结果（760mmHg）被作为标准大气压。标准大气压的常用表示方法见表 2-2。

表 2-2　标准大气压的常用表示方法

1	atm
760	mmHg
101. 3	kPa
1. 033	kgf/cm^2
1013	mbar

3. 压力的表示

在完全真空的状态下，空间中没有分子，压力无法产生。以完全真空状态为零基准表示压力，此压力称为绝对压力。工业上用普通压力计直接测定的压力是以大气压作为零基准，称为表压力。理论计算中一般采用绝对压力，工程计算及测量中一般采用表压力。低于大气压的压力称为负压。上述压力的表示方法如图 2-2 所示。

国际单位体系（SI）中压力的单位是 Pa。由于单位 Pa 太小，常用的单位有 kPa 和 MPa。一般用 Pa（abs）表示绝对压力，用 Pa（G）表示表压力。表 2-3 列出了压力单位的换算方法。

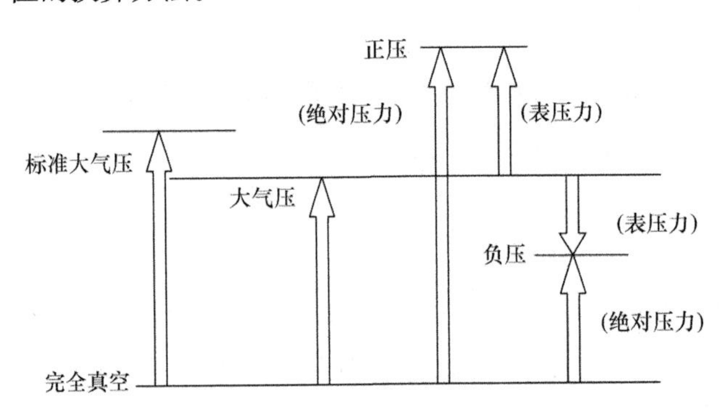

图 2-2　压力的表示方法

表 2-3　压力单位的换算方法

单位	Pa	kgf/cm^2	bar	atm	psi = lbf/in^2	mmHg = Torr	mmAq = mmH$_2$O
1Pa	—	1. 020E − 5	1E − 5	9. 869E − 6	1. 450E − 4	7. 500E − 3	0. 1020
1kgf/cm^2	9. 807E4	—	0. 9807	0. 9678	14. 22	735. 6	1E4
1bar	1E5	1. 020	—	0. 9869	14. 50	750. 0	1. 020E4
1atm	1. 013E5	1. 033	1. 013	—	14. 70	760. 0	1. 033E5
1psi	6895	7. 031E − 2	6. 895E − 2	6. 805E − 2	—	51. 71	703. 1
1mmHg	133. 3	1. 360E − 3	1. 333E − 3	1. 316E − 3	1. 934E − 2	—	13. 60
1mmH$_2$O	9. 807	1E − 4	9. 807E − 5	9. 678E − 5	1. 422E − 3	7. 356E − 2	—

2.2.2 温度

空气中大量分子不断做不规则运动。空气的温度表示分子运动的活跃程度。温度越高，分子运动越活跃。温度的表示分3种：热力学温度、摄氏温度和华氏温度。

热力学温度属于物理化学的范畴，是热力学中定义的客观温度的度量，绝对零度表示分子停止运动、能量最低的状态。理论计算中一般采用热力学温度。摄氏温度和华氏温度是日常使用的温度，可以用于直接测量。在中国，平常只使用摄氏温度，在欧美国家，两种温度并用。表2-4列出了各种温度之间的换算关系。

通常，热力学温度和摄氏温度分别用符号 θ 或 t 表示，华氏温度用符号 t_F 表示。

表2-4 温度表示单位及其换算

温度表示	单位	换算式
摄氏温度	℃	—
热力学温度	K	=摄氏温度+273.15
华氏温度	F	=1.8×摄氏温度+32

2.2.3 体积

在度量空气量的多少时，可以采用空气的体积、质量和分子数。体积相比于质量或分子数更易于理解。但是，体积容易受到温度和压力的影响，如：当空气压力下降或温度上升时，空气的体积将膨胀，因此，在采用体积表示空气量的时候，需要同时注明温度和压力。通常，工业上将不同温度和压力条件下一定质量空气的体积，按照质量相等换算成相同温度和压力（基准状态或标准状态）下的体积表示空气的量。两种状态的定义和体积的换算方法在2.2.4节中叙述。体积由符号 V 来标记。

2.2.4 基准状态与标准状态

基准状态（Normal Temperature & Pressure）与标准状态（ISO、Standard Reference Atmosphere）的定义及空气的状态参数见表2-5。

标记Normal的N容易与力的单位牛（N）相混淆，所以新的计量法（2001年）中规定，将NL/min、Nm^3/h分别变更为L/min（normal）和m^3/h（normal）。一部分流量计的生产者也使用L/min（NTP）和m^3/h（NTP）。在物理学等领域常将上述基准状态（NTP）称为标准状态。

标准状态在我国和日本是指温度20℃、绝对压力101.3kPa、相对湿度65%的空气所处的状态，在欧美是指62F（16.7℃）、绝对压力14.7psi（101.3kPa）、相对湿度65%的空气所处的状态，采用STP（Standard Temperature & Pressure）标记。但1990年以来，从ISO 8778开始，ISO 2787、ISO 6358中已采用新的标准状态，见表2-5，其英文名是Standard Reference Atmosphere，用ANR来标记。

表2-5　基准状态与标准状态的定义及空气的状态参数

比较项目		基准状态	标准状态	
			ISO	国内
状态	温度/℃	0	20	20
	绝对压力/kPa	101.3	100	101.3
	相对湿度	0%	65%	65%
标记		NTP	ANR	STP
密度/(kg/m^3)		1.293	1.185	1.200

目前，ANR表示的状态的绝对压力是100kPa，STP表示的状态的绝对压力是101.3kPa。

标记根据ISO标准状态换算的体积或体积流量时，应该在相应单位末尾加上（ANR）。例如：m^3（ANR）、L/min（ANR）以及m^3/h（ANR）等。

空气的热力学温度、压力和体积分别用θ[K]、p[kPa]和V[m^3]来表示，那么根据基准状态换算的体积V_{NTP}、根据标准状态换算的体积V_{ANR}，分别由式（2-1）、式（2-2）计算。

$$V_{NTP}/m^3(normal) = V\frac{p}{101.3}\frac{273}{\theta} \tag{2-1}$$

$$V_{ANR}/m^3(ANR) = V\frac{p}{100}\frac{293}{\theta} \tag{2-2}$$

2.3　空气的质量和密度

由于空气的体积随外部环境的变化较大，与固体和液体不一样，实际应用中用分子数表示空气的量。1mol 的空气表示 12g 原子量 12 的碳元素中含有的原子数（阿伏伽德罗常数：6.02×10^{23}）。用阿伏伽德罗法则，1mol 气体的质量不论气体的种类都是一样的。在基准状态下（0℃，1atm），可测得 1mol 空气的质量是 28.96g，体积是 22.4dm^3。这个值 28.96 就是空气的分子量。

上述 1mol 空气的质量除以体积，可得到基准状态下干空气的密度：

$$\rho_0=\frac{m}{V}=\frac{28.96\text{g}}{22.4\text{dm}^3}=1.293\text{kg/m}^3 \tag{2-3}$$

1mol 干空气的质量不变，体积随温度和压力的变化而变化。这个变化关系将在空气的状态变化章节中详细叙述。任意温度 θ［℃］、绝对压力 p［kPa］的干空气的密度 ρ 可由下式计算：

$$\rho(\text{kg/m}^3)=\rho_0\frac{273}{273+\theta}\frac{p}{101.3} \tag{2-4}$$

2.4　空气中的水分

完全不含水分的空气称为干空气，含有水分的空气称为湿空气。湿空气实际上是干空气与水蒸气的混合气体。普通的大气都是湿空气。

2.4.1　饱和水蒸气和饱和水蒸气压

空气中所能混合的水蒸气的量是有上限的，当水蒸气超过上限时，水蒸气将液化为水滴析出。水蒸气含量达到上限的湿空气，称为饱和湿空气，湿空气所处的状态称为饱和状态，饱和湿空气中水蒸气含量称为饱和水蒸气量。水蒸气含量的上限与温度有关，温度越高上限值越高。通常饱和水蒸气量用单位体积内含有的水蒸气的质量（g/m^3）作为单位，用符号 r_s来表示。

如上所述，湿空气是干空气和水蒸气的混合气体。根据道尔顿法则，混合气体的压力等于各气体的分压之和，因此，湿空气的压力等于干空气分压与水蒸气分压之和。饱和状态时，水蒸气的分压称为饱和水蒸气压，用符号 p_s 表示，下式表示三者之间的关系：

$$p = p_a + p_s \tag{2-5}$$

式中，p 是饱和湿空气的压力；p_a 是干空气的分压。

由于水蒸气与理想气体差异小，可以将水蒸气近似当作完全气体处理，后面的理想气体状态方程可以适用于水蒸气。

$$p_s = r_s R_s \theta \tag{2-6}$$

式中，R_s 是水蒸气的气体常数，取 461.5J/(kg · K)；饱和水蒸气压 p_s 与湿空气的压力无关，仅与温度 θ 相关，是温度的函数 r_s 是水蒸气的量。表 2-6 列出了饱和水蒸气含量随温度的变化。

表 2-6　饱和水蒸气含量

θ/℃	r_s/(g/m³)	θ/℃	r_s/(g/m³)	θ/℃	r_s/(g/m³)
-50	0.06	10	9.4	45	65.3
-40	0.172	15	12.8	50	82.9
-30	0.448	20	17.3	55	104.2
-20	1.067	25	23	60	129.8
-10	2.25	30	30.3	70	197
0	4.85	35	39.5	80	290.8
5	6.8	40	51	90	420.1

2.4.2　绝对湿度与相对湿度

湿空气中水蒸气含量的多少程度可由湿度表示。湿度可分为绝对湿度和相对湿度。绝对湿度由下式定义。

$$X(\mathrm{g/g}) = \frac{\text{湿空气中水蒸气质量}}{\text{湿空气中干空气质量}} \tag{2-7}$$

由式（2-7）可知，在没有水蒸气凝结析出的情况下，温度变化时，绝对湿度不变。

相对湿度是湿空气中水蒸气质量与相同温度饱和湿空气中水蒸气质量之比，由下式定义。

$$\phi(\%) = \frac{\text{湿空气中水蒸气质量}}{\text{饱和水蒸气质量}} = \frac{\text{湿空气中水蒸气分压}}{\text{饱和水蒸气分压}} \tag{2-8}$$

其中，ϕ 取 0 ~ 100%，$\phi = 0\%$ 表示完全干空气，$\phi = 100\%$ 表示饱和湿空气。由于随着温度上升，饱和湿空气量增加，即使湿空气中水蒸气量不变，相对湿度也会减小。

实际应用中采用相对湿度更加方便，一般情况，说“湿度多少%”是指相对湿度。在我国，一年之中的平均湿度不同的地方多少有些差别，约 70%。

2.4.3 水蒸气的凝结

1. 凝结的原理

当空气中的水蒸气质量超过饱和水蒸气质量时（$\phi > 100\%$），水蒸气将会凝结成液态水。根据式（2-8）采用下述压缩和冷却两种方法，将湿空气的相对湿度提升。

压缩是指对一定量的湿空气进行压缩，湿空气的体积变小，而水蒸气的总质量不变（水蒸气未凝结析出），那么单位体积水蒸气质量增加，即，式（2-8）中分子变大，相对湿度增大。

冷却是指对湿空气进行降温，见表 2-6，饱和水蒸气量将减少，即，式（2-8）中分母变小，相对湿度增加。

采用上述方法，将相对湿度提升至 100%，湿空气达到饱和。然后，继续压缩或者冷却湿空气，水蒸气量会超过饱和水蒸气量，从而凝结析出水。

2. 露点

通常，干燥器和空气压缩机的样本上标明出口空气的露点。与相对湿度一样，露点也表示空气中含水蒸气的程度。露点是一定压力下的湿空气，当对其降温至水蒸气凝结时，湿空气的温度。露点越低的湿空气，水蒸气的凝结越难发生，这一点在对湿空气进行干燥处理需考虑。

露点分为加压露点和大气压露点两种。在加压条件下，水蒸气开始凝结时的温度称为加压露点。在大气压力条件下，水蒸气开始凝结时的温度称为大气露点。空气在不同压力在的露点是不一样的，例如，湿空气在 500kPa 加压下的加压露点是 15℃，而其大气露点是 -10℃。

标记压力露点时，需一同记上压力值，大气露点则可省略，在气动系统中元器件的规格中常使用大气露点来表示空气的干燥程度。这两种露点可以相互换算，换算公式如下。

$$r_{sp}V_{sp}=r_{sa}V_{sa} \tag{2-9}$$

$$\frac{\theta_{sa}}{\theta_{sp}}=\frac{r_{sp}}{r_{sa}}\frac{p_a}{p_p} \tag{2-10}$$

式中，下标 sp 表示加压下饱和状态；下标 sa 表示大气压下饱和状态；下标 p 表示加压状态；r 表示饱和水蒸气体积含量（g/m^3）。计算结果如图 2-3 所示。

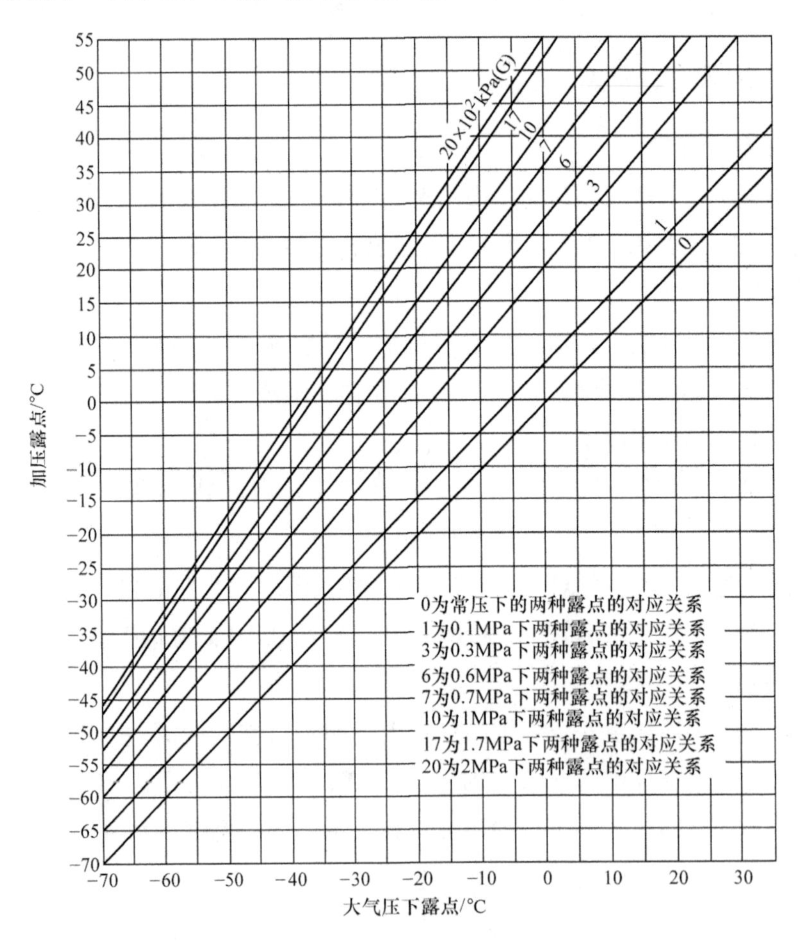

图 2-3　大气压下露点与加压露点的换算

3. 脱水量的计算

空气压缩机产生压缩空气的时候，压缩空气的压力上升至数倍大气压。水蒸气随着大气被吸入至空气压缩机，因此，压缩空气中含有大量水蒸气。例如，一般压缩机的出口压力是 700kPa，输出单位体积的压缩空气含有的水蒸气的量是大气中的 8 倍（水蒸气不凝结析出的条件下）。

由于实际压缩过程近似于绝热过程。压缩后空气的温度会变得非常高，而随着温度的升高，饱和水蒸气量将增加，因此，压缩后水蒸气不会凝结析出，单位体积压缩空气中水蒸气量成倍增加。高温空气经过空气压缩机的内置冷却器、后冷却器或空气干燥器降温，饱和水蒸气量减小，水蒸气凝结成水析出。脱水量可根据下式计算。

$$m_{\mathrm{d}} = V_1 r_{\mathrm{s1}} \phi - V_2 r_{\mathrm{s2}} = V_1 \left(r_{\mathrm{s1}} \phi - r_{\mathrm{s2}} \frac{p_1 \theta_2}{p_2 \theta_1} \right) \quad (2\text{-}11)$$

式中，m_{d} 是脱水量（g）；r_{s1}、r_{s2}分别是冷却前后饱和水蒸气含量（$\mathrm{g/m^3}$）；V_1、V_2 分别冷却前后的体积；ϕ 是冷却前相对湿度；p_1，p_2 分别是冷却前后气体压力（kPa）；θ_1，θ_2 分别是冷却前后气体热力学温度（K）。图 2-4 为湿空气脱水过程示意图。

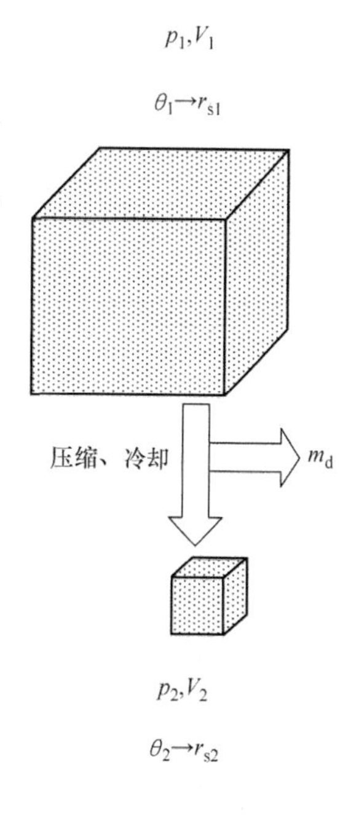

图 2-4　湿空气脱水过程示意图

2.5　空气的黏度

黏性是流体的共有性质，所有的流体都有黏性，空气也不例外。在运动的流体中，相邻的流体分子之间做相对运动，会产生摩擦力，阻碍相对运动。这种阻碍相对运动的性质即是黏性。

黏性产生的微观机理非常复杂，通过实验可以得到摩擦力与流体相对运动的关系。如图 2-5 所示，下壁与上板之间填充了空气，上板向右水平运动，由于黏性，与上板接触的空气随上板一起运动，速度与上板相同，远离上板方向，空气的运动速度减小，接近下壁处，速度降为零。上层空气对下层空气的切应力使下层空气加速，同时使上层空气减速。通过实验可知，由于黏性而产生的摩擦力（切应力 τ），与流体相对运动的速度梯度成正比，即

$$\tau = \mu \frac{du}{dy} \tag{2-12}$$

式中，τ 是切应力（Pa）；μ 是空气的动力黏度（Pa · s）；du/dy 是速度梯度（1/s）。

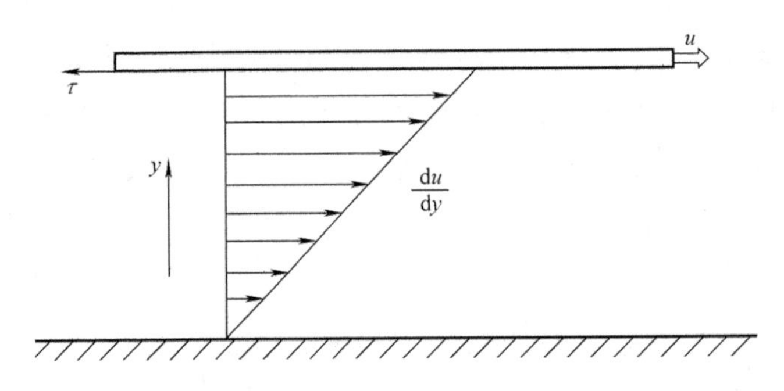

图 2-5　黏性的速度梯度

根据式（2-12），动力黏度 μ（Pa · s）越大，切应力越大，液体的黏度远大于气体。根据 Sutherland 公式，空气的黏度受到温度的影响：

$$\mu = \mu_0 \frac{384}{384 + \theta} \left(\frac{273 + \theta}{273} \right)^{1.5} \tag{2-13}$$

式中，μ_0 是 0℃时空气的动力黏度（Pa · s）。

由式（2-13）可知，温度上升后，动力黏度增加，切应力也随着增加。液体的变化趋势相反，温度越高，动力黏度越小，切应力越小。

运动黏度 ν 是动力黏度 μ 除以流体密度 ρ 的商，用下式表示。

$$\nu = \frac{\mu}{\rho} \tag{2-14}$$

液体的动力黏度主要与温度相关，由于空气的密度受到压力影响大，动力黏度随温度和压力变化而变化。常用温度范围内，表 2-7 列出了大气压下干空气的动力黏度与运动黏度。

表 2-7　大气压下干空气的动力黏度和运动黏度

温度/℃	动力黏度 $\times 10^{-5}$/Pa · s	密度/(kg/m^3)	运动黏度 $\times 10^{-5}$/(m^2/s)
-50	1.46	1.584	0.92
-25	1.59	1.424	1.12
0	1.71	1.293	1.32

（续）

温度/℃	动力黏度 $\times 10^{-5}$/Pa·s	密度/(kg/m^3)	运动黏度 $\times 10^{-5}$/(m^2/s)
25	1.82	1.184	1.54
50	1.93	1.093	1.77
75	2.05	1.014	2.02
100	2.16	0.946	2.28

第 3 章　气动系统中的热力学

气动系统根据工作任务的要求传输动力，动力传输随着工作任务的不断变化，需要气动系统做出相应的调整，改变空气的状态满足工作任务的要求。围绕空气的状态变化，本章主要介绍与气动系统相关的热力学基本理论：状态方程，热力学第一定律，基本状态变化过程等。

3.1　状态方程

3.1.1　波义耳定律

图 3-1 所示实验装置是一个“J”形玻璃管，玻璃管的一边顶端密封，另一边顶端开口。把水银倒进玻璃管中，水银盖住了“J”形玻璃管的底部，保持液柱高度一致（图 3-1a）。在密封的管中，水银堵住一小股空气，记录水银的高度。然后，继续倒水银，直到长臂管中水银高出 29in（图 3-1b），记录水银高度，发现封住小股空气的体积减小为原来的一半。继续增加水银的高度时，体积就会变成原来的 1/3。

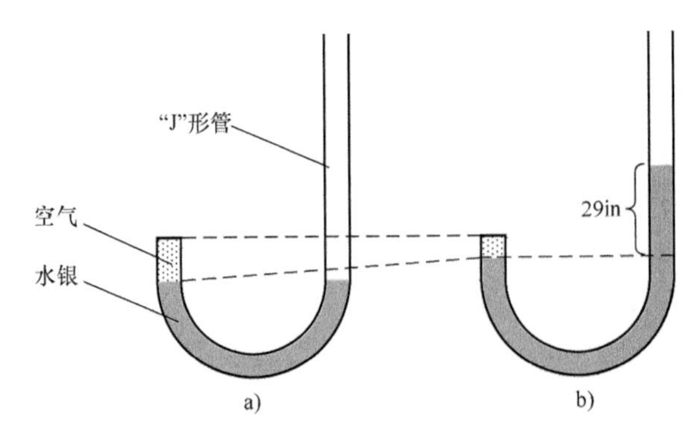

图 3-1　波义耳定律

波义耳据此实验结果在 1662 年提出：“在密闭容器中的定量气体，在恒温下，气体的压力 p 和体积 V 成反比关系。”可以用下式表示。

$$p=\frac{\text{const}}{V} \tag{3-1}$$

3.1.2　查理定律

图 3-2 所示实验装置由烧瓶、U 形管、水槽和温度计组成。烧瓶放入水槽中，U 形管一端与烧瓶连接，另一端倒入水银，两管中水银保持水平，记录水银高度，如图 3-2a 所示。加热水槽，达到热平衡时，调节可动管，使左管水银面恢复到原来的位置，记录加热前后，水槽的温度差 $\Delta\theta$，以及管内密闭空气的体积差 ΔV，如图 3-2b 所示。

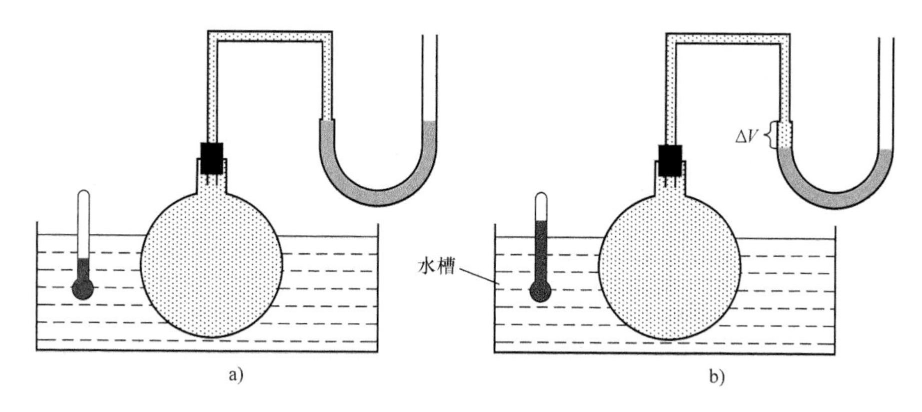

图 3-2　查理定律

1787 年，查理根据实验结果提出（未发表）：固定质量的干燥气体在 0℃下，每升高或降低 1℃，其体积就增加或减少 1/273 倍（The volume of a fixed mass of dry gas increases or decreases by 1/273 times the volume at 0℃ for every 1℃ rise or fall in temperature）。可用下式表示：

$$\frac{\Delta V}{V_0}=\frac{\Delta\theta}{273} \tag{3-2}$$

将 $\Delta V=V-V_0$，$\Delta\theta=\theta-\theta_0$ 代入可以推导出：

$$\frac{V}{\theta}=\frac{V_0}{\theta_0} \tag{3-3}$$

1834 年克拉珀龙在总结了波义耳定律和查理定律后，提出了理想气体状态方程：

$$pV = mR\theta \tag{3-4}$$

式中，m 是气体的质量；R 是气体常数。

Kronig 和 clausius 分别于 1856 年和 1857 年基于分子运动论，从理论上推导出上式。

3.1.3 比热容

物体吸收热量时，温度会上升。不同的物体达到相同的温度，所吸收的热量是不同的，这是物质的一个固有属性，用比热容来描述，即，单位质量物体在温度升高 1℃时，所吸收的热量，用符号 c 表示。对于气体，吸收热量时其状态会发生变化，比如体积膨胀，比热容随体积而变化。根据气体吸热时状态的变化，可定义两种重要的比热容：比定容热容和比定压热容。

1. 比定容热容

水槽给烧瓶中的气体加热，气体温度升高 1℃，所吸收的热量（Q）被定义为气体的比定容热容，用符号 c_V 表示。如图 3-3 所示，烧瓶出口的活塞固定，气体密封在烧瓶中不能自由进出。气体吸热后，受到烧瓶边界的限制不能膨胀。

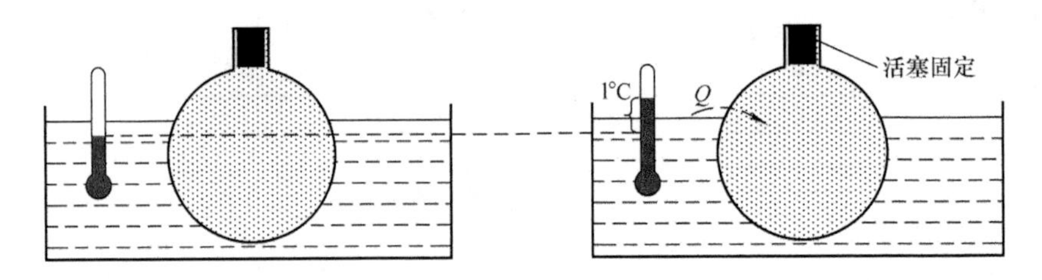

图 3-3　比定容热容

2. 比定压热容

水槽给烧瓶中的气体加热，活塞随气体膨胀向上升，保持气体压力不变，气体温度升高 1℃，所吸收的热量被定义为气体的比定压热容，用符号 c_p 表示。如图 3-4 所示，活塞封住烧瓶出口，可以上下运动，烧瓶中的气体吸热后温度升高，压力上升推动活塞向上运动，气体膨胀后压力恢复至加热之前。注意：气体的吸热同时推动活塞做功，一部分热量转换为对外做功，定压时的吸热量大于定容，因此，比定压热容大于比定容热容。

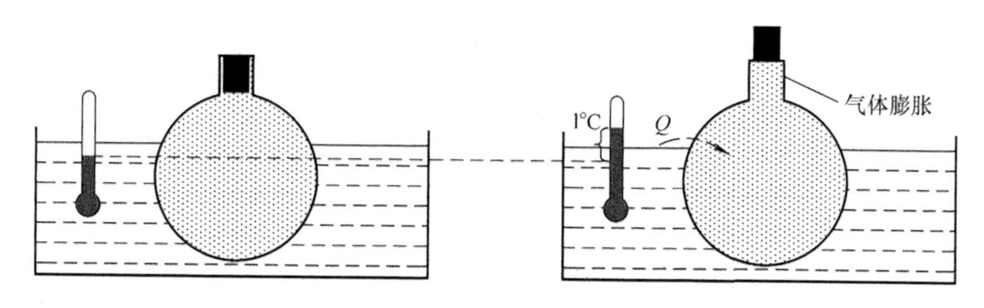

图 3-4　比定压热容

3.1.4　热力学第一定律

热力学第一定律就是能量守恒定律，这个定律建立在 Mayer 和焦耳的工作基础上。在能量守恒定律出现以前，热量和功的单位分别是卡和焦耳，人们没有将两者等同起来。1842 年Mayer提出了机械功与热量相互转化的原理，基于理想气体假设，推导出热量与机械功转化的公式［见式（3-5）］，公式的左边表示热量，公式的右边表示功，从理论上得到热功当量。

$$c_p - c_V = R \tag{3-5}$$

1843 年焦耳采用一个下降的重物带动绳子来驱动叶片在水槽中搅动，而使水温升高。重物对叶片施加的机械功转化成水中热量，从实验上证明了机械功与热量可相互转化，并测量得到热功当量，如图 3-5 所示。

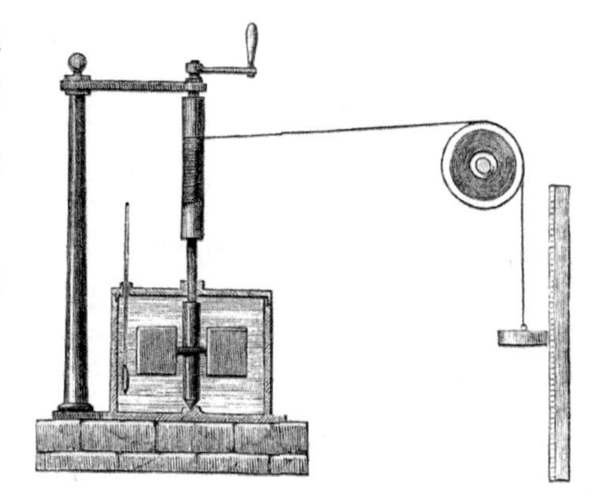

图 3-5　热功当量实验

从热功转化的角度，能量守恒定律可表示成两种形式。

如图 3-6a 所示，对于闭口系统：

$$\mathrm{d}U = \delta Q - \mathrm{d}W \tag{3-6}$$

式中，$\mathrm{d}U$ 是系统内能的增量；$\mathrm{d}W$ 是系统对外界做功；δQ 是外界对系统传输的热量，其物理意义是外界对系统的做功和传输的热量全部转化为系统的内能。

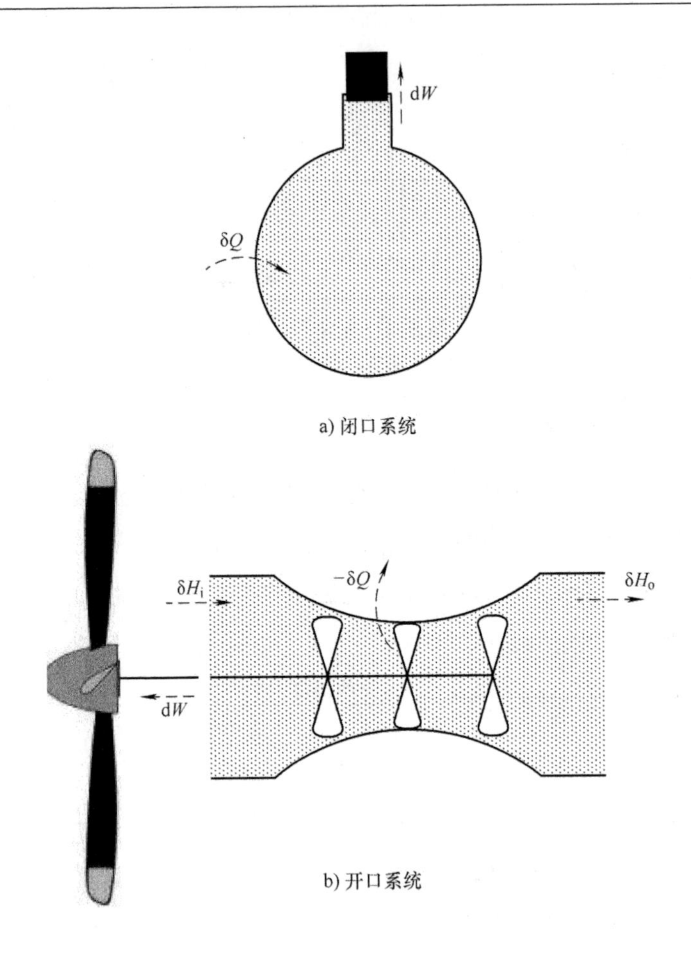

图 3-6　能量守恒定律

如图 3-6b 所示，对于开口系统，系统与外界存在物质的交换，需要在闭口系统的基础上，叠加一项物质携带进入/离开系统的能量（焓），即 $\delta(H_i + H_o)$。

$$dU = -dW - \delta Q + \delta(H_i - H_o) \tag{3-7}$$

式中，H 是物质的焓，包括两部分：进入或离开系统物质的内能 U，输送物质进入/离开系统对系统的做功 pV，即

$$H = U + pV \tag{3-8}$$

3.2　气体的能量

1845 年焦耳通过实验研究气体的内能，气体被压缩在容器的一半，另一半

抽真空，两半相连处有一阀门隔开，把整个容器放在盛有水的绝热容器中，当热平衡后，打开阀门，测量气体的温度，发现温度不变。验证气体的内能与体积无关是温度的单值函数，即

$$U = U(\theta) \tag{3-9}$$

然而，由于水的热容比气体的热容大得多，气体温度的变化不容易测量出来，焦耳的实验不够精确，而实际上气体的内能与体积相关，1852 年，焦耳和汤姆逊用多孔塞实验验证了这个结论。

如图 3-7 所示，一根管子中放置一个多孔材料做成的塞子，将两侧气体隔开，管子的两端分别用两个活塞堵住，活塞同时向右运动，左腔的气体经过塞子进入右腔，气体的压力从 p_1 降低至 p_2，体积由 V_1 变为 V_2，整个过程气体与外界绝热。

$$U_2 - U_1 = p_1 V_1 - p_2 V_2 \tag{3-10}$$

$$H_1 = H_2 \tag{3-11}$$

假设气体内能是温度的单值函数，可以推出气体的焓值也是温度的单值函数，实验中气体与外界绝热，气体的内能不变，温度也应保持不变。但是实验观测中发现气体温度降低，这与气体的内能是温度的单值函数的结论相互矛盾。因此，多孔塞实验证明了气体内能与温度和体积都有关，即

$$U = U(\theta, V) \tag{3-12}$$

注意：在气动系统中，由于体积对内能的影响小，本书后续章节的讨论，将忽略体积的影响，而采用式（3-9）。

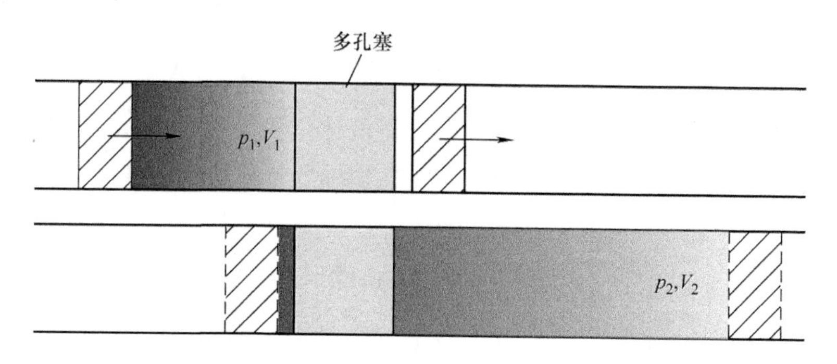

图 3-7　多孔塞实验

3.3 气体的状态变化

气体的三个基本状态量压力、体积和温度的变化叫作气体的状态变化。对于闭口系统，三个状态量的变化受到气体状态方程的约束，但是仅一个方程不能确定三个状态量的变化关系，因此，必须增加一个约束条件，根据约束条件的不同，一般把气体的状态变化分为：等压变化、等容变化、等温变化、绝热变化和多变变化。

3.3.1 等压变化

保持压力不变，根据气体状态方程，气体的体积与温度成正比关系，即

$$\frac{V}{\theta}=\frac{mR}{p}=\text{const} \tag{3-13}$$

当温度升高时，气体的内能增大，保持气体压力不变，气体的体积将膨胀对外做功，根据能量守恒定律，气体将从外界吸热：

$$\delta Q=\mathrm{d}U+p\mathrm{d}V=mc_p\mathrm{d}\theta \tag{3-14}$$

注意：将焓值的定义式应用于上式，积分后可以得到焓值与温度的关系：

$$H=mc_p\theta \tag{3-15}$$

3.3.2 等容变化

保持体积不变，根据气体状态方程，气体的压力与温度成正比关系，即

$$\frac{p}{\theta}=\frac{mR}{V}=\text{const} \tag{3-16}$$

当温度升高时，气体的内能增大，保持气体体积不变，气体对外做功为零，根据能量守恒定律以及比定容热容的定义，得到气体将从外界吸热：

$$\begin{aligned}\delta Q&=\mathrm{d}U\\&=mc_V\mathrm{d}\theta\end{aligned} \tag{3-17}$$

3.3.3 等温变化

保持温度不变，根据气体状态方程，气体的压力与体积成反比关系，即

$$pV=mR\theta=\text{const} \tag{3-18}$$

由于温度不变，气体的内能不变，当气体体积膨胀对外做功时，根据能量守恒定律，气体将从外界吸热：

$$\delta Q = p\mathrm{d}V \tag{3-19}$$

3.3.4　绝热变化

保持气体与外界无热量交换，根据能量守恒定律，气体的内能完全转化为对外做功：

$$\mathrm{d}U = -p\mathrm{d}V \tag{3-20}$$

将气体状态方程以及比定容热容的公式，代入上式分别消去温度或者体积，分别可得到

$$pV^{\kappa} = \mathrm{const} \text{ 或 } p/\rho^{\kappa} = \mathrm{const} \tag{3-21}$$

$$p\theta^{\frac{\kappa}{1-\kappa}} = \mathrm{const} \tag{3-22}$$

式中，κ 是比等压热容与比等容热容之比，等于 1.4。与等温变化相似，当气体被压缩时，气体的体积减小，压力上升，两者的区别在于：压缩至相同体积时，绝热条件下气体压力将高于等温条件。

3.3.5　多变变化

等温变化的条件是系统内气体与外界环境充分换热，气体压缩时产生的压缩热全部传导至外界环境，膨胀时从外界环境吸收热量保持温度不变。绝热变化的条件是系统内气体与外界环境完全隔热。实际上，气体与外界环境的传热不是理想的充分换热或完全隔热，而是介于二者之间，多变变化引入多变指数 n，对气体实际的状态进行近似，气体状态变化可用下式描述：

$$pV^{n} = \mathrm{const} \text{ 或 } p/\rho^{n} = \mathrm{const} \tag{3-23}$$

$$p\theta^{\frac{n}{1-n}} = \mathrm{const} \tag{3-24}$$

$n = 1$ 时，吸热 = 对外做功，表示等温变化。

$0 < n < 1$，吸热 > 对外做功。

$1 < n < \kappa$，吸热 < 对外做功。

$n = \kappa$，吸热 = 0，表示绝热变化。

$\kappa < n$，吸热与做功符号相反，吸热 < 0，对外做功 > 0。

第4章　气动系统中的流体力学

气动系统中，流体力学主要研究流体运动速度、压力之间的关系。本章主要介绍与气动系统相关的流体力学基本理论：质量连续性方程，能量方程等。

4.1　流体运动的描述

4.1.1　流线（欧拉法）与迹线（拉格朗日法）

流体运动指众多流体单元共同形成的运动总和，因而，可用各流体单元的运动来描述，运动形成的轨迹由流线和迹线表示。（注：本书采用欧拉法描述）

流线（见图4-1a）是指某个时刻流体中各单元速度矢量连成的曲线。根据定义，流线是由多个流体单元形成的。其特点是，处在流线上的各单元速度方向与流线的切线方向相同，即，速度矢量 $\boldsymbol{u}$ 与切线矢量 $\mathrm{d}\boldsymbol{r}$ 的乘积为零：

$$\mathrm{d}\boldsymbol{r} \times \boldsymbol{u} = 0 \tag{4-1}$$

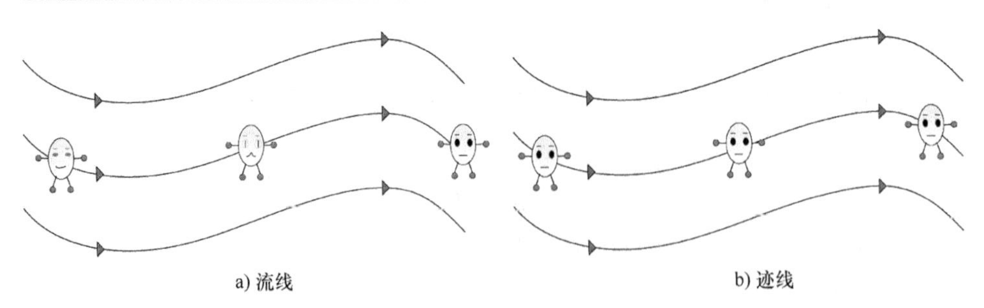

图4-1　流线与迹线

迹线是指流体中某个流体单元在某段时间内运动形成的轨迹线，如图4-1b所示。

注意：迹线是单个流动单元形成的曲线。

4.1.2　定常与非定常

流体运动的过程中，其状态如速度、密度、温度等参数不随时间变化，则称这种流动为定常流动，如果状态随时间发生变化，则称之为非定常流动。

定常流动时，流线与迹线重合。

4.1.3　层流与湍流

打开水龙头自来水从出口流出，当开口较小，流速较慢时，水流平滑而规则；当开口增大，流速较快时，水流呈现不规则的脉动。用层流与湍流区分这两种不同的流动状态，流体的速度、压力等状态参数随时间和空间的变化光滑，这种流动称为层流；流体的参数呈不规则、不光滑的脉动，这种流动称为湍流。

1883 年，雷诺首先用实验提出了判断流动是层流还是湍流的参数，即雷诺数 Re：

$$Re=\frac{\rho UD}{\mu} \tag{4-2}$$

雷诺让液体在玻璃管内流动，在管子入口注入墨水，并不断调整液体的速度 U、管子直径 D，更换液体介质改变密度 ρ，发现当 $Re<2300$ 时，墨水的流动大体成一条直线，这时的流动是层流；而当 $Re>4000$ 时，墨水呈现不规则的脉动，并向四周扩散，这时的流动是湍流。因此，通过雷诺数 Re 可以定量地判断，流体是处于层流还是湍流。

4.1.4　可压缩流体与不可压缩流体

密度 ρ 不随时间和空间变化的流体称为不可压缩流体，反之，则称为可压缩流体。如图 4-2 所示，将水和空气注入气缸，推动活塞向下压缩，水的体积基本不变，而空气的体积变小。根据定义，水是不可压缩流体，空气是可压缩流体。因此，不可压缩流体的数学表示如下：

$$\rho(t,x,y,z)=\text{const} \tag{4-3}$$

通常，液体被视为不可压缩流体，但当压力变化很大时，仍需要考虑液体的压缩性。气体一般认为是可压缩流体，在压力变化不大，可以假定为不可压

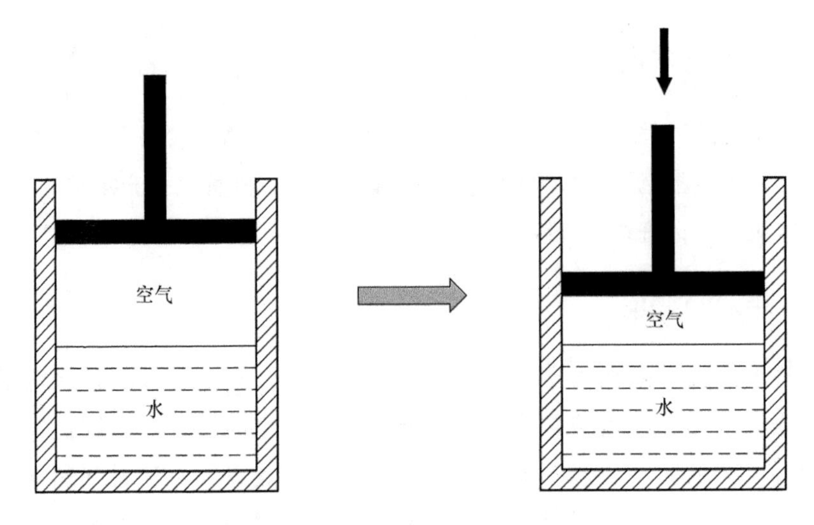

图 4-2　可压缩流体与不可压缩流体

缩流体，此外，在气体速度为 0.2 倍声速以下时，气体可以作为不可压缩流体来考虑。

4.2　质量连续方程

流体在流动过程中不会消失和生成，保持质量不变，满足质量守恒定律，对于装有流体的空间，流入空间的流体质量应等于空间中质量增量与流出空间质量之和。如图 4-3 所示，管道的截面积为 A，流体的密度 ρ 和流速 u 随时间和空间位置而变化，根据质量守恒定律可得到：

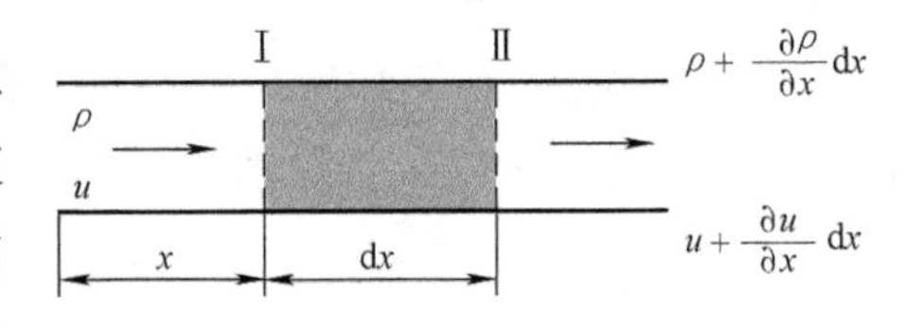

图 4-3　管内流动

$$\rho uA=\frac{\partial\rho}{\partial t}A\mathrm{d}x+\left(\rho+\frac{\partial\rho}{\partial x}\mathrm{d}x\right)\left(u+\frac{\partial u}{\partial x}\mathrm{d}x\right)(A+\mathrm{d}A) \tag{4-4}$$

简化后得：

$$\frac{\partial\rho A}{\partial t}+\frac{\partial\rho uA}{\partial x}=0 \tag{4-5}$$

不考虑管道截面积的变化（A 是常数），得到一维质量连续方程：

$$\boxed{\frac{\partial \rho}{\partial t}+\frac{\partial \rho u}{\partial x}=0} \tag{4-6}$$

注意：对于不可压缩流体（ρ 是常数），管内的流速是不变的。

4.3　动量方程（欧拉方程）

1755 年，瑞士数学家欧拉在《流体运动的一般原理》一书中，对无黏性流体应用牛顿第二定律得到了流体动量方程。如图 4-3 所示，左边是流体质量乘以加速度，右边是流体受到的前后两侧流体的合力：

$$\rho A \mathrm{d}x \frac{\mathrm{d}u}{\mathrm{d}t}=pA-\left(p+\frac{\partial p}{\partial x}\mathrm{d}x\right)A \tag{4-7}$$

化简后可以得到一维欧拉方程：

$$\boxed{\frac{\partial u}{\partial t}+u\frac{\partial u}{\partial x}=-\frac{1}{\rho}\frac{\partial p}{\partial x}} \tag{4-8}$$

注意：上述方程是一维条件下的欧拉方程，不考虑管道截面积的变化，其中，左边第一项表示流速随时间变化带来的动量增量，第二项表示流体经过前后两侧边界进入控制体带来的动量增量，右边表示前后两侧流体的合力冲量。

4.4　能量方程（伯努利方程）

1738 年，瑞士数学家伯努利对孔口出流和变截面管道流动进行了仔细的观察，提出了著名的定常无黏不可压缩流体的伯努利定律：在流体中，如果速度小，压力就大，如果速度大，压力就小。如图 4-4 所示，上下游流体对控制体做功等于控制体内流体动能和重力势能的增量，得到能量方程：

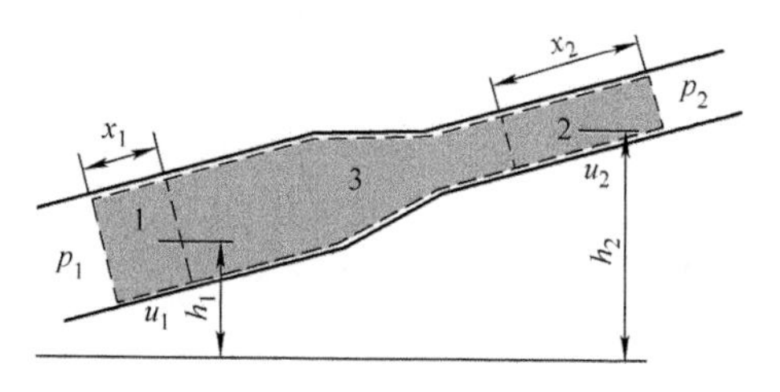

图 4-4　伯努利原理

$$p_1A_1x_1-p_2A_2x_2-W_f=E_{o1}+E_{o3}-(E_{i3}+E_{i2}) \tag{4-9}$$

式中，p_1 是上游压力；A_1 是上游横截面积；x_1 是上游流体在时间微元 dt 内运动的距离；p_2 是下游压力；A_2 是下游横截面积；x_2 是下游流体在时间微元 dt 内运动的距离；W_f 是流体与管壁的摩擦力所做的功；E_{i1} 和 E_{i3} 分别是初始时刻控制体内区域1和区域3的机械能；E_{o2} 和 E_{o3} 分别是 dt 时刻后控制体内区域2和区域3的机械能。由于管道内处于定常流动，区域3中流体速度、质量不随时间变化，即，$E_{o3}=E_{i3}$：

$$p_1A_1x_1-p_2A_2x_2-W_f=E_{o1}-E_{i2} \tag{4-10}$$

忽略流体的黏性，流体与管壁的摩擦力所做的功（W_f）为零，对于不可压缩流体，密度不变（$\rho_1=\rho_2=\rho$），代入动能公式后得到：

$$p_1A_1x_1-p_2A_2x_2=\frac{1}{2}\rho x_2A_2u_2^2-\frac{1}{2}\rho x_1A_1u_1^2+\rho x_2A_2gh_2-\rho x_1A_1gh_1 \tag{4-11}$$

式中，h_1 和 h_2 分别是区域1和2内流体重心的高度根据式（4-6），$A_1dx_1/dt=A_2dx_2/dt$ 带入上式，化简后得到伯努利方程：

$$\boxed{\frac{p_1}{\rho}+\frac{1}{2}u_1^2+gh_1=\frac{p_2}{\rho}+\frac{1}{2}u_2^2+gh_2} \tag{4-12}$$

由上式可知，当流体的速度减小时，动能转化为压力势能，流体的压力将上升，把上升的压力称为动压 p_{dynamic}：

$$p_{\mathrm{dynamic}}=\frac{1}{2}\rho u^2 \tag{4-13}$$

上述方程常应用于液压传动领域，对于气压传动，由于气体的可压缩性，气体传动过程中常伴随气体的膨胀和压缩，导致气体的密度和内能发生变化。气体的能量方程需在式（4-12）的基础上增加内能项，且由于气体的质量小，一般重力势能可忽略，得到气体的能量方程如下。

$$\boxed{\frac{p}{\rho}+u_e+\frac{1}{2}u^2=\mathrm{const}} \tag{4-14}$$

式中，u_e 是单位质量气体的内能（U/m），应用式（3-8）气体焓值的定义，得到气体的能量方程：

$$h+\frac{1}{2}u^2=\mathrm{const} \tag{4-15}$$

第5章　流量特性

气动技术利用空气的状态变化及运动，对物件施加力或者使物件运动，从而传送动力。一般来说，动力包含了力和速度两个要素。气动系统中，流量主要表现速度这个要素，即，如果要求驱动物件以更快的速度运动，那么需要以更大的流量传动。

气动系统中，调整气体流量大小和方向的元件称为阀，如：电磁阀、流量控制阀等元件。通常用流量特性来描述阀的特性。流量特性表示气动元件传送气体流量大小的能力，因此，将直接影响气动系统的响应速度、响应时间等性能指标。在气动系统设计时，如果元件的流量特性选择不正确，将导致作用对象达不到预期的运动速度和输出力。

图5-1给出了本章各知识点之间的关系图。

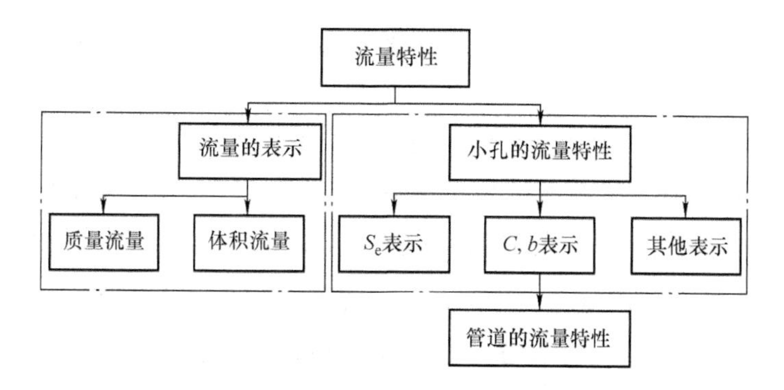

图5-1　本章各知识点之间的关系图

5.1　流量的定义

流量指单位时间通过指定气流通道截面（如阀、管道等元件的横截面）气体的量，按照对“量”的描述不一样，流量可分为质量流量和体积流量。质量流量指单位时间通过指定气流通道截面气体的质量；体积流量指单位时间通过指定气流通道截面气体的体积。相比质量流量，体积流量更加形象直观，工程应用中，通常使用体积流量。

根据气体状态方程（3-4）可知，气体的体积取决于其压力和温度，对于同样质量的气体，压力和温度的不同会导致其体积发生变化，即，同一质量流量对应的体积流量并不唯一。所以，在表示体积流量时，必须注明气体的压力和温度等状态。根据注明的状态，体积流量可换算得到质量流量。

由于气动系统内部，气体经过各阀、管道等元件其工作状态不断变化，根据气体的工作状态表示体积流量不便于计量、比较和分析。例如，根据质量守恒，进入和排出空气压缩机的气体质量不变。入口气体工作压力等于大气压力0.1MPa（abs），温度20℃，出口工作压力接近0.8MPa（abs），温度80℃，如果采用气体工作状态下的体积流量表示，当入口体积流量是8m^3/min时，出口体积流量则是1.2m^3/min，流量的数值不相等，而实际上两者表示气体的质量流量是相同的。在工程上，为了统一表示体积流量时所用的气体状态，定义了基准状态NTP（Normal Temperature & Pressure）和标准状态ANR（Standard Reference Atmosphere），两种状态的定义、对应的符号及密度参见表2-5。依据这两种状态的定义，由气体工作状态下的流量值换算而来通常使用的体积流量。

由于0℃是冰点温度易于实现，在测量行业基本上都采用基准状态对流量计进行标定和表示。基准状态下的常用流量单位为NL/min和Nm^3/h，头字符N表示Normal。由于N与牛顿单位容易混淆，所以单位有时也表示为L/min(normal)、L/min(nor)和m^3/h(normal)、m^3/h（nor)，也有一部分的流量计采用L/min（ntp）和m^3/h（ntp）的单位表示。注意：物理界及有些行业将以上的基准状态（NTP）称之为标准状态，造成与气动行业的标准状态（ANR）混淆。

对标准状态，存在新旧两种定义。中国和日本的旧定义为温度20℃、绝对压力101.3kPa和相对湿度65%的状态，而欧美定义为温度62℉（相当于摄氏温度16.7℃）、绝对压力14.7psi（相当于101.3kPa）、相对湿度65%的状态并用STP（Standard Temperature & Pressure）表示。1990年，以ISO 8778为首，ISO 2787、ISO 6358中制定并采用了表2-5中所示的标准状态的新定义，英文名统一为Standard Reference Atmosphere，表示符号为ANR。在表示ISO标准状态下的体积流量时，单位的末尾添加ANR标记，例如，L/min（ANR）、m^3/h（ANR）等。

气体工作状态下的体积流量可以换算成基准状态和标准状态下的体积流量来表示。已知气体的热力学温度 θ [K]，绝对压力 p [kPa] 状态下，体积流量为 q_V[L/min]，其基准状态和标准状态下的体积流量可用如下公式求得：

$$q_{V\mathrm{NTP}}=q_V\frac{p}{101.3}\frac{273}{\theta} \tag{5-1}$$

$$q_{V\mathrm{ANR}}=q_V\frac{p}{100}\frac{293}{\theta} \tag{5-2}$$

例如，气体工作状态下的压力为1.013MPa（abs），温度为40℃，气流通道截面的面积为$1\mathrm{dm}^2$，气体的速度100dm/min，每分钟通过气流通道截面的气体体积为$100\mathrm{dm}^3$（L），体积流量 q_V 是100L/min。根据式（5-1）换算成基准状态的体积流量 $q_{V\mathrm{NTP}}$可表示为1146L/min（NTP），根据式（5-2）换算成标准状态的体积流量 $q_{V\mathrm{ANR}}$则是1055L/min(ANR)。此时，1146L/min(NTP) 和1055L/min(ANR) 所表示的气流的质量流量相等。

注意：上述基准状态和标准状态并非气体实际所处的状态，而是为了统一换算而定义。

实际应用中除了上述两种状态外，对特定的设备还采用其他的定义，例如，空气压缩机的输出流量通常采用入口的大气状态为标准。以上公式同样适用于从入口的大气状态，到基准或标准状态的换算。

5.2 小孔的流量特性

气动系统中，各种阀、管道等元件的接入会影响通过各元件内部气流通道气体流量的大小。气体流量的大小不仅与气体的压力和温度等状态相关，而且与气流通道的几何结构相关。流量特性是指流量的大小与气体状态、气流通道结构等参数的关系。

本节为了简化分析，基于流量相等，将各种气流通道的几何结构（图5-2）等效为小孔结构，即，简化前后流量不变。以图5-3所示的小孔为对象，讨论气体流经小孔的流量特性。为了便于理解，将电工学中的电流特性类比气动系统中的流量特性。如图5-4所示，在电工回路中，通过电阻的电流 i 随上游电压 E_1 与下游电压 E_2 电压差的变化而变化，并呈现线性特性。同样，通过小孔的流量随上下游的压力而变化。区别是由于气体具有可压缩性，其流量特性表现为非线性曲线。

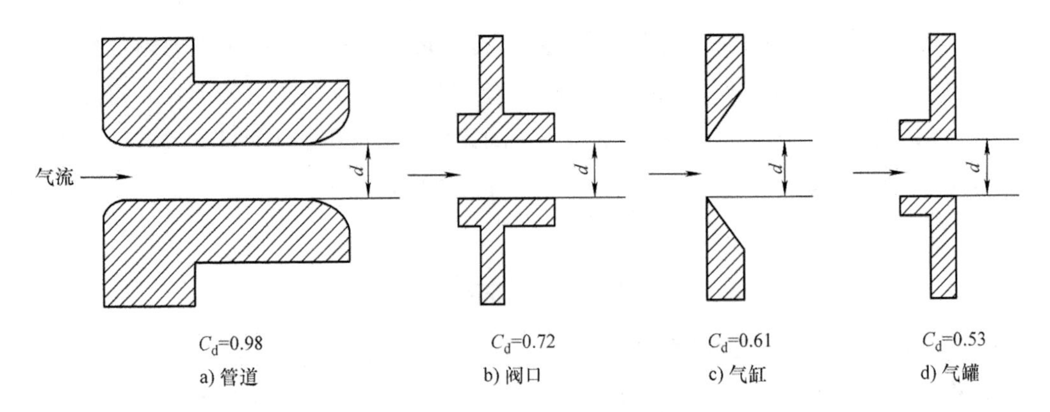

图 5-2　典型气流通道的几何结构

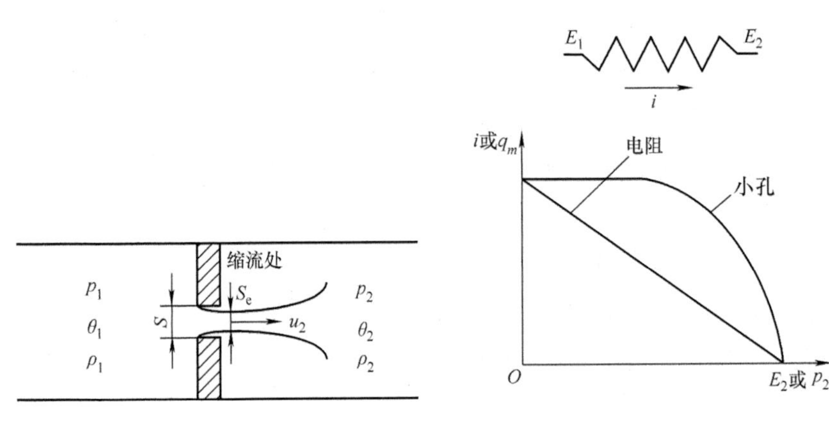

图 5-3　流经小孔的气流

图 5-4　电阻的电流特性与小孔的流量特性类比

如图 5-5 所示，在解决流过小孔流量的问题时，最早采用了小孔的自由放气模型。该模型由容腔和小孔组成，容腔的体积无穷大，即，容腔内的压力、温度和气体质量保持不变，不受小孔放气的影响。容腔内气体近似保持静止，在小孔处气体开始向容腔外流动。

根据能量守恒定律，将气体能量方程式（4-15）应用于小孔，可以得到小孔上下游状态参数的关系：

$$h_1 + \frac{1}{2}u_1^2 = h_2 + \frac{1}{2}u_2^2 \tag{5-3}$$

左右两边分别表示小孔上下游气体的能量（焓和机械能），其中，容腔内气体近

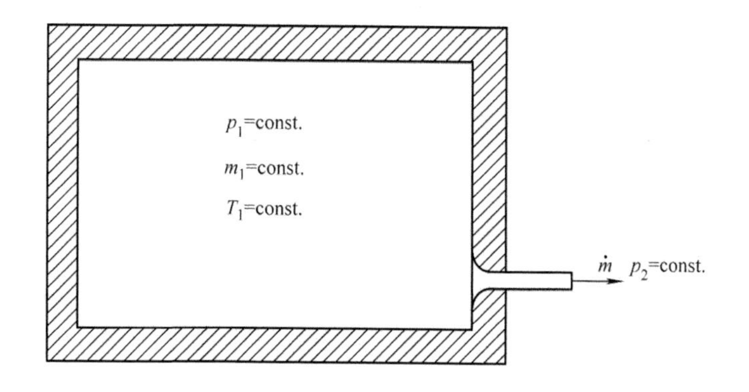

图5-5 自由放气模型

似保持静止，即，小孔上游气体速度 u_1 等于0。

根据焓值的定义，以及将式（3-15）应用于上式，得到：

$$u_2 = \sqrt{2c_p(\theta_1 - \theta_2)} \tag{5-4}$$

由于气流经过小孔时，与管壁接触面小、流动快，可近似认为气体流动过程是绝热过程。将绝热方程式（3-22）应用于上式，得到如下小孔内气体流速公式。

$$u_2 = \sqrt{\frac{2\kappa}{\kappa - 1}\frac{p_1}{\rho_1}\left[1 - \left(\frac{p_2}{p_1}\right)^{\frac{\kappa-1}{\kappa}}\right]} \tag{5-5}$$

根据质量流量的定义，质量流量的数学定义可以表示为气流速度、密度与气流通道截面面积的乘积：

$$q_m = S\rho u \tag{5-6}$$

将小孔流速式（5-5）、绝热过程式（3-21）代入式（5-6），消掉密度 ρ，可得流经小孔的质量流量式：

$$q_m = Sp_1\sqrt{\frac{2\kappa}{\kappa - 1}\frac{1}{R\theta_1}\left[\left(\frac{p_2}{p_1}\right)^{\frac{2}{\kappa}} - \left(\frac{p_2}{p_1}\right)^{\frac{\kappa+1}{\kappa}}\right]} \tag{5-7}$$

式中，R 是空气的气体常数；θ_1 是上游气体的热力学温度。

1839年，St. Venant 和 Wantzel 定义了流量函数 ϕ，将得到下面的小孔自由放气流量式：

$$q_m = Sp_1\sqrt{\frac{1}{\theta_1}}\phi \tag{5-8}$$

合并式（5-7）和式（5-8），可得流量函数 ϕ：

$$\phi = \sqrt{\frac{2\kappa}{R(\kappa-1)}\left[\left(\frac{p_2}{p_1}\right)^{\frac{2}{\kappa}} - \left(\frac{p_2}{p_1}\right)^{\frac{\kappa+1}{\kappa}}\right]} \tag{5-9}$$

图 5-6 给出了根据式（5-9）计算出来的流量函数值，流量函数的最大值是 0.04043，流量函数的曲线近似椭圆，基于这一特点，后续内容讨论了对流量函数的近似和简化。

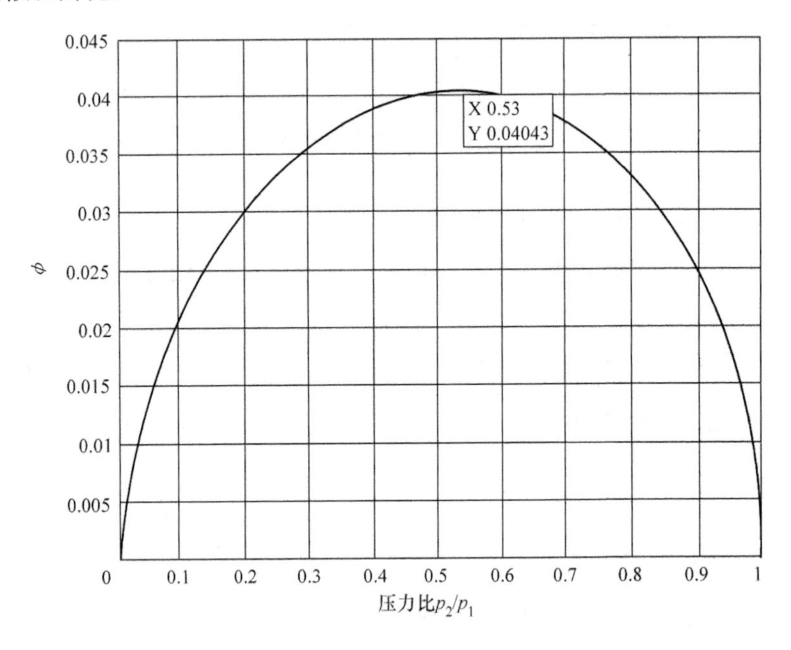

图 5-6　流量函数

将式（5-9）对自变量（p_2）求导取零，可以得到流量取极值的条件，如下式：

$$\left(\frac{p_2}{p_1}\right)^* = \left(\frac{2}{\kappa+1}\right)^{\frac{\kappa}{\kappa-1}} \tag{5-10}$$

雷诺[1]首先对式（5-10）给出物理上的解释：在马赫数等于 1 的状态时，取得上述压力，此时，气流处于声速，下游的气流信息（例如：下游压力的下降）不能向上游传递。因此，上游的气流状态不随下游压力的变化而变化。后续许多学者把这种状态称为壅塞状态（choked）。此时，压力比（p_2/p_1）称为临界压力比，其值是 0.5283，流量达到饱和（或称声速流）：

$$q_m = Sp_1\sqrt{\frac{\kappa}{R\theta_1}\left(\frac{2}{\kappa+1}\right)^{\frac{\kappa+1}{\kappa-1}}} \tag{5-11}$$

当压力比（p_2/p_1）小于临界压力比时，气流达到声速流，气体的速度和流量不再随压力比的下降而变化。因此，流量函数 ϕ 可以表示为分段函数的形式：

$$\phi = \begin{cases} \sqrt{\frac{\kappa}{R}\left(\frac{2}{\kappa+1}\right)^{\frac{\kappa+1}{\kappa-1}}} & \frac{p_2}{p_1} \leqslant b = 0.5283 \\ \sqrt{\frac{2\kappa}{R(\kappa-1)}\left[\left(\frac{p_2}{p_1}\right)^{\frac{2}{\kappa}} - \left(\frac{p_2}{p_1}\right)^{\frac{\kappa+1}{\kappa}}\right]} & \frac{p_2}{p_1} > b = 0.5283 \end{cases} \tag{5-12}$$

声速流时的 ϕ_{sonic} 为常数，用 K_G 来表示：

$$\phi_{\text{sonic}} = K_G = \sqrt{\frac{\kappa}{R}\left(\frac{2}{\kappa+1}\right)^{\frac{\kappa+1}{\kappa-1}}} = 0.04043\text{s/m} \tag{5-13}$$

亚声速流时的 ϕ 为压力比的函数，计算较为复杂。为此，对亚声速流时的 ϕ 通常采用以下的近似公式计算：

$$\phi_{\text{subsonic}} = K_G \times 2\sqrt{\frac{p_2}{p_1}\left(1 - \frac{p_2}{p_1}\right)} \tag{5-14}$$

将式（5-14）中的压力比 p_2/p_1 近似设置为 0.5，可看出 ϕ_{subsonic} 等于 K_G，即流量达到饱和。因而，在近似式（5-14）中，临界压力比被近似设为 0.5。

将近似式（5-14）代入式（5-8），可得流经小孔的一维等熵流动的质量流量的近似计算公式：

$$\phi = \begin{cases} Sp_1\frac{K_G}{\sqrt{\theta_1}} & \frac{p_2}{p_1} \leqslant b = 0.5 \\ Sp_1\frac{K_G}{\sqrt{\theta_1}} \times 2\sqrt{\frac{p_2}{p_1}\left(1 - \frac{p_2}{p_1}\right)} & \frac{p_2}{p_1} > b = 0.5 \end{cases} \tag{5-15}$$

图 5-7 中的实线表示的是精确式（5-8），虚线表示的是近似式（5-15）的曲线。可以看出两者基本吻合，在亚声速流时的最大误差为 3%，这对实际气动系统的计算不构成问题。由于近似式中没有指数函数而计算速度快，在气动仿真等应用中得到了广泛的使用。

基于自由放气模型的条件：上游速度趋近于零，而工程应用中的上游速度常常不等于零，在上面的推导中，上游速度被假定为可以忽略不计，并且设置

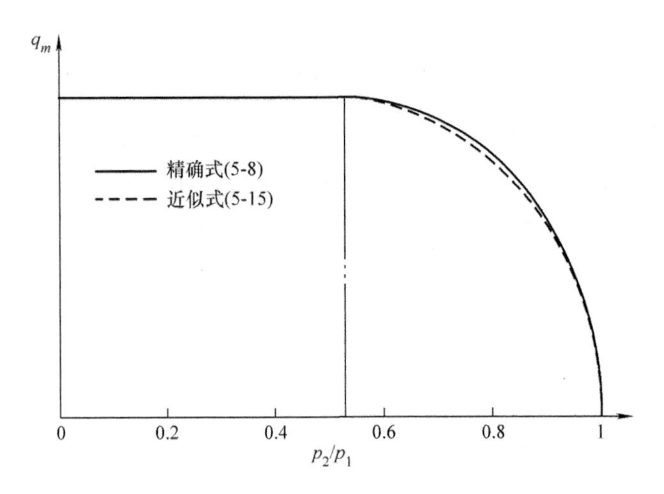

图 5-7　流经小孔的流量特性

为零。如果不做这个假设，施密特给出了亚声速流的出口速度 u_e。

$$u_e = \sqrt{\frac{2\kappa}{\kappa-1}\frac{p_1}{\rho_1}\left[1-\left(\frac{p_2}{p_1}\right)^{\frac{\kappa-1}{\kappa}}\right]+u_1^2} \tag{5-16}$$

5.3　流量特性的表示

上述小孔的流量特性式适用于理想的圆孔（流线在圆孔中平行分布），气动系统中，各种元件内部的小孔几何形状各异，经过小孔气体流线将不同程度向小孔轴线收缩，如图 5-3 所示。气流的收缩将使小孔的流量减小，气体流线所构成的通道截面积，即，气流缩流处的截面积，称为小孔的有效截面积，用符号 S_e 表示。S_e 比小孔截面积 S 小，两者的比：

$$\alpha = \frac{S_e}{S} \tag{5-17}$$

称之为缩流系数。缩流系数根据小孔入口的形状及尺寸而不同，一般在 0.85 ~ 0.95 的范围内。

在极少数情况，缩流系数可以给出解析解。气动系统中，采用测量以及构建经验公式的方法得到该系数，基于流量特性的表示及测量方法的不同，各国规定出不同的特性表示值。中国和日本都是采用有效截面积 S_e 值，而美国采用 C_v 值，欧洲采用 K_v 值。

1971 年，英国 BATH 大学 F. Sanville 教授提出采用声速流导 C（Sonic Conductance）和临界压力比 b（Critical Pressure Ratio）表示气动元件流量特性。

1989 年，国际标准化组织采用 F Sanville 的方法，制定了流量特性的国际标准 ISO 6358。该标准将上述各种特性表示值统一到新的特性表示值——声速流导 C（Sonic Conductance）上，并考虑空气的压缩性和元件内部流路的复杂性，追加了一个新的特性表示值——临界压力比 b（Critical Pressure Ratio）。标准中还规定了这两个特性表示值的测量方法，即通过检测压缩空气流经被测元件时的流量和差压来进行测量。

ISO 6358 制定以来，各国并没有立即废除原来的特性表示值，新旧值并用的局面持续了很多年。近些年随着全球化的深入，各国认识到统一的必要性和重要性，开始逐步采用 C 值和 b 值。日本 2000 年以 ISO 6358 为范本制定了新的流量特性标准 JIS B 8390，中国流量特性标准的 ISO 化也已提上了议事日程。现在，世界各主要气动元件厂家的产品样本上的电磁阀等的流量特性都使用 C 值和 b 值来表示。

5.4　有效截面积（S_e）表示的流量特性

5.4.1　有效截面积 S_e 值的测量公式

根据上一节的定义，小孔的有效截面积是指图 5-3 中气流缩流处的截面积。气动系统中，电磁阀、节流阀等气动元件，小孔的形状不规则，有效截面积难以通过解析的方法求解，因此，通常通过实验测量，测定经过气动元件的声速流时的流量，代入式（5-11）得出的 S 值，作为其有效截面积 S_e。

有效截面积的单位是面积单位，与实际气流通道的面积相对应，容易理解。例如，内径 2mm 的喷嘴截面积为 3.14mm^2，乘以缩流系数 0.9，就可知道它的有效截面积在 2.8mm^2 左右。

在实际的流量计算中，相对于质量流量，体积流量得到了更为广泛的应用。将式（5-11）的质量流量 q_m 换算成标准状态或基准状态下的体积流量，可采用以下的简易计算公式。

1. 标准状态（100kPa，20℃，相对湿度 65%）**下的体积流量**

$$q_{V\mathrm{ANR}}=\begin{cases}120S_{\mathrm{e}}p_1\sqrt{\dfrac{293}{\theta_1}} & \dfrac{p_2}{p_1}\leqslant 0.5\\ 240S_{\mathrm{e}}p_1\sqrt{\dfrac{293}{\theta_1}}\sqrt{\dfrac{p_2}{p_1}\left(1-\dfrac{p_2}{p_1}\right)} & \dfrac{p_2}{p_1}>0.5\end{cases} \tag{5-18}$$

2. 基准状态（101.3kPa，0℃，相对湿度 0%）**下的体积流量**

$$q_{V\mathrm{NTP}}=\begin{cases}113.5S_{\mathrm{e}}p_1\sqrt{\dfrac{293}{\theta_1}} & \dfrac{p_2}{p_1}\leqslant 0.5\\ 227S_{\mathrm{e}}p_1\sqrt{\dfrac{293}{\theta_1}}\sqrt{\dfrac{p_2}{p_1}\left(1-\dfrac{p_2}{p_1}\right)} & \dfrac{p_2}{p_1}>0.5\end{cases} \tag{5-19}$$

以上两式中的各个变量的单位为：

$q_{V\mathrm{ANR}}$：L/min（ANR），$q_{V\mathrm{NTP}}$：NL/min，S_{e}：mm^2，p：MPa（abs）（绝对压力），θ：K。

注意：用有效截面积来表示流量特性时，在工程上通常都采用以上简易计算式。

5.4.2 声速放气法

为了方便气动系统的使用者，通常，生产者会测量气动元件的有效面积，并在产品样本中标出有效面积值。在测量有效面积值时，最直接的方法是根据式（5-11），测量声速流时的流量 q_{m} 和上游压力 p_1，即可求得有效截面积 S_{e}。但是，直接测量要求持续提供声速流流量，测量时流量消耗大，并且需要大功率、大流量的空气压缩机。一般的生产者不具备直接测量的条件，即使是具备条件的工厂，测量时也会导致局部管道压力下降而影响生产。

为了降低测量时所需的流量，通常采用声速放气法。该方法的原理是将被测元件与充气后气罐接通，气罐中的压缩空气经被测元件向大气放气，通过检测放气过程中气罐内压力变化而导出被测元件有效截面积。该方法的本质是对放气的流量进行积分，基于有效面积对压力下降速度的影响，得到有效面积与压力的关系。

声速放气法的测量回路如图 5-8 所示。其测量步骤为：

1）向体积 V 的气罐中充气，使其压力稳定在 0.5MPa（G），测量此时气罐

内的温度 θ 和压力 p_s。

2）切换被测元件或电磁阀开始放气，使气罐内压力降到0.2MPa（G）后停止放气，测量放气时间 t。

3）待气罐内压力稳定后读取该压力值 p_∞。

由以上步骤测量的数据，可计算出被测元件的有效截面积：

$$S_e = 12.9\frac{V}{t}\lg\left(\frac{p_s + 0.1013}{p_\infty + 0.1013}\right)\sqrt{\frac{273}{\theta}} \tag{5-20}$$

上式各变量的单位如下：

S_e：mm^2，V：dm^3，t：s，p：MPa（G），θ：K

注意：式（5-20）的导出利用了气体绝热条件的假设，该方法需使放气时间在4～6s范围内完成，以保证放气过程为绝热过程，通常需要设定合适的气罐容积，以满足放气时间的要求。

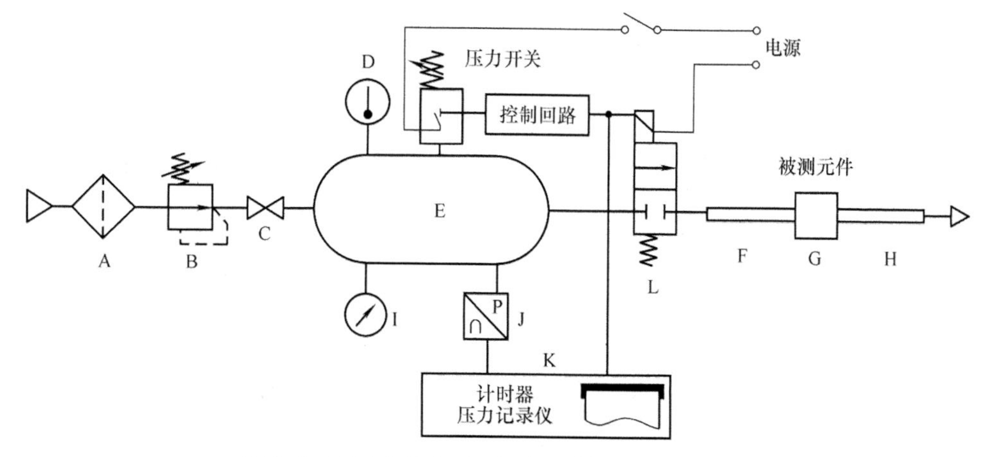

图5-8 测量有效截面积的声速放气法的测量回路

A—气源及过滤器 B—减压阀 C—截止阀 D—温度计 E—气罐 F—上流整流管 G—被测元件 H—下流整流管 I—压力计 J—压力传感器 K—计时器 L—电磁阀

5.5 声速流导（C）表示的流量特性

5.5.1 临界压力比的变化

上述基于有效截面积的流量表示中，式（5-18）和式（5-19）中采用一个定值（0.5）表达临界压力比，但对于电磁阀、伺服阀、节流阀等气动元件，其内部气体的流动极其复杂，与理想的气流通过小孔的流动有很大不同。所以，根据元件内部的气流通道形状的不同，其临界压力比将不同程度地偏离理想值。

表5-1列出了6个典型控制气动元件的临界压力比的实际测量值。从表中数值可见，临界压力比根据元件不同而有较大不同。

表5-1　6种典型控制气动元件的临界压力比

元件	临界压力比 b
电磁阀A	0.24
电磁阀B	0.38
流量阀A	0.49
流量阀B	0.64
伺服阀A	0.35
伺服阀B	0.45

5.5.2　流量表示式

基于临界压力比不是定值的事实，ISO 6358将亚声速流的曲线近似为椭圆曲线，并将传统定值的临界压力比改为变量，将其增加为新的流量特性表示值。而且，为了区别传统的有效截面积等特性表示值，引入了声速流导。ISO 6358中规定的流量表示式为：

$$q_{V\mathrm{ANR}}=\begin{cases}Cp_1\sqrt{\dfrac{293}{\theta_1}} & \dfrac{p_2}{p_1}\leqslant b\\[2ex] Cp_1\sqrt{\dfrac{293}{\theta_1}}\sqrt{1-\left(\dfrac{\dfrac{p_2}{p_1}-b}{1-b}\right)^2} & \dfrac{p_2}{p_1}>b\end{cases} \tag{5-21}$$

式中，$q_{V\mathrm{ANR}}$是标准状态下的体积流量［$\mathrm{dm^3/s}$（ANR）］；C是声速流导［$\mathrm{dm^3/(s\cdot 0.1MPa)}$］；$p_1$是上流绝对压力（0.1MPa）；$p_2$是下流绝对压力（0.1MPa）；$\theta_1$是上流空气的热力学温度（K）；$b$是临界压力比。

这里需要注意的是，$q_{V\mathrm{ANR}}$的单位［$\mathrm{dm^3/s}$（ANR）］与式（5-12）中$q_{V\mathrm{ANR}}$的单位[L/min(ANR)]有所不同，相差60倍。式（5-21）中流量$q_{V\mathrm{ANR}}$乘以标准状态下的密度$\rho_{\mathrm{ANR}}=1.185\mathrm{kg/m^3}$，就是质量流量。

声速流导 C 与有效截面积 S_e 尽管单位不同，但都是表示流通能力的参数。两者之间存在如下的换算关系：

$$S_e/\mathrm{mm}^2 = 5.03C/[\mathrm{dm}^3/(\mathrm{s}\cdot 0.1\mathrm{MPa})] \approx 5C/[\mathrm{dm}^3/(\mathrm{s}\cdot 0.1\mathrm{MPa})] \tag{5-22}$$

5.5.3　声速流导 *C* 值与临界压力比 *b* 值的测量方法

声速流导和临界压力比测量的基本原理是，根据式（5-21）设定不同的压力值，得到各压力值下对应的流量值，采用曲线拟合的方法，得到声速流导和临界压力比。

ISO 6358 中给出详细的测量回路和步骤，对电磁阀等有出气接口的气动元件和气动喷枪等，测量回路如图 5-9 所示，改变节流阀的开度，调节质量流量；对无出气接口而直接向大气排气的气动元件，测量回路如图 5-10 所示，改变减压阀的设定压力，调节质量流量。测量回路由气源、减压阀、温度计、压力计、被测元件和流量计构成。

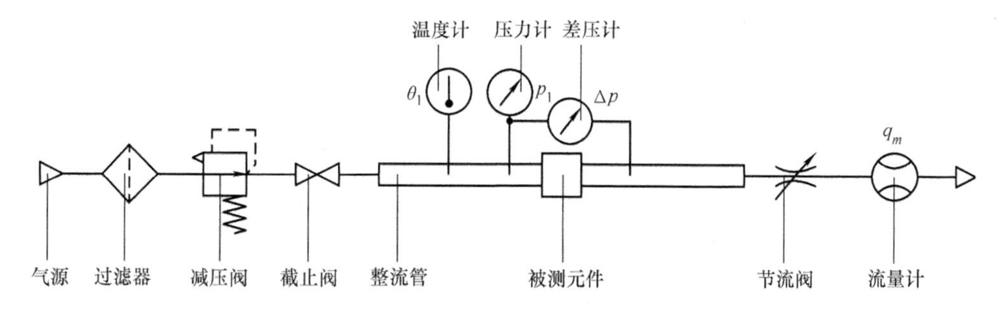

图 5-9　有出气接口的测量回路

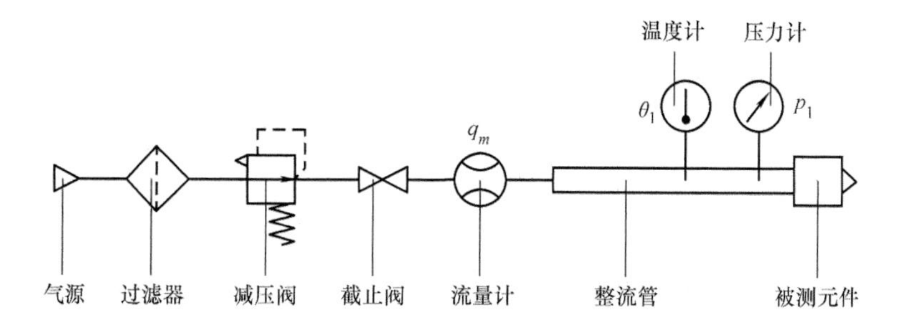

图 5-10　无出气接口的测量回路

现以有出气接口测量回路图 5-9 为例，说明测量步骤。

1. 声速流导的测量步骤

1）将节流阀调至最小，将上流压力用减压阀设定为 0.4MPa（abs）以上。

2）将节流阀逐步调大使被测元件下流压力逐步下降直至流量计显示的流量不再增加为止。

3）读此时的流量 q_m^*、上流压力 p_1^* 和上流温度 θ_1^*，利用下式求出声速流导。

$$C = \frac{q_m^*}{\rho_{\mathrm{ANR}} p_1^*} \sqrt{\frac{\theta_1^*}{293}} \tag{5-23}$$

2. 临界压力比的测量步骤

1）使用节流阀调节流量使之依次达到声速流动时流量的 80%、60%、40%、20%，分别测量这四个流态下的流量 q_m、两侧差压 Δp。

2）利用下式分别求出四个流态下的临界压力比的值，将四个值平均得到最终的临界压力比。

$$b = 1 - \frac{\dfrac{\Delta p}{p_1}}{1 - \sqrt{1 - \left(\dfrac{q_m}{q_m^*}\right)^2}} \tag{5-24}$$

由于要求定常供给流量，ISO 6358 的测量方法只适用于公称口径 20mm 以内的被测元件。对于公称口径超过 20mm 的被测元件，ISO 6358 没有对应方法测量，而日本标准 JIS B 8390 继承原有标准，推荐使用有效截面积和声速放气法来表示和测量。

5.6 C_v值、K_v值和 A 值

5.6.1 C_v值和 K_v值

C_v值原本是用于非压缩性流体的液压行业，美国将之一成不变地转用到了压缩性流体的气动系统上。它的定义参见 ANSI/NFPA T3.21.3 中的规定，采用温度 60℉（=15.5℃）的清水作为测量介质（而不是空气），使之流过被测元件，

调整水压，当压降为 $\Delta p=1\text{psi}(=1\text{lbf/in}^2=6.895\text{kPa})$ 时，测量水的流量。流量单位采用[USgal/min]（1USgal/min = 3.785L/min），该流量数值就是被测元件的 C_v 值。

该定义适用于非压缩性流体，但对于压缩性流体的声速流和亚声速流的特性表示有很大的局限性。

K_v 值与 C_v 值一样，用清水流过被测元件，使之压降为 $\Delta p=0.1\text{MPa}$，测量此时单位为 m^3/h 的流量，该流量数值就是被测元件的 K_v 值。K_v 值表达的意思与 C_v 值相同，仅单位不同。两者之间的换算关系式如下：

$$C_v/(\text{US}_{\text{gal}}/\text{min})=1.167K_v/(\text{m}^3/\text{h}) \tag{5-25}$$

5.6.2 A 值

在 ISO 6358 中规定，在压缩性可以忽略，即，$\Delta p/p_1<0.02$ 时，可以采用有效流路面积 A 值来表示流量特性。其定义式如下：

$$A=\frac{q_m}{\sqrt{2\rho_2\Delta p}} \tag{5-26}$$

式中，ρ_2 是下游空气的密度。

有效流路面积 A 值也是来自非压缩性流体，与上述的 C_v 值和 K_v 值是同一类表示流量特性的参数，它们之间的换算关系如下：

$$A/\text{mm}^2=16.98C_v/(\text{US}_{\text{gal}}/\text{min})=19.82K_v/(\text{m}^3/\text{h}) \tag{5-27}$$

5.6.3 C_v值与 C 值的换算

C_v 值作为旧的特性参数，国外很多厂家的产品样本上还仍在使用。掌握将 C_v 值换算成现今通行的 C 值的方法十分必要。如 ISO 6358 中所述，A 值可以通过下式用声速流导 C 值和临界压力比 b 值来计算：

$$A=C\rho_{\text{ANR}}\sqrt{\frac{R\theta_{\text{ANR}}}{1-b}} \tag{5-28}$$

经过单位换算后，式（5-28）变为

$$A=3.442C\sqrt{\frac{1}{1-b}} \tag{5-29}$$

式中，A 值单位是 mm^2；C 值单位是 $dm^3/(s \cdot 0.1MPa)$。将式（5-27）与式（5-29）联立，可得

$$C/[dm^3/(s \cdot 0.1MPa)] = 4.933\sqrt{1-b}C_v[US_{gal}/min] \tag{5-30}$$

以电磁阀为例，其 b 值通常在 0.2～0.5 的范围内，这样可以得到如下的概算公式：

$$C/[dm^3/(s \cdot 0.1MPa)] = (3.5 \sim 4.4)C_v[US_{gal}/min] \tag{5-31}$$

5.7 管道的流量特性

空气流经管道时，由于气体的黏性，与管壁摩擦产生阻力以及压力损失。管道的长度远长于小孔，管道的压力损失对流量特性的影响不可忽略。气动系统中，通常采用经验公式表示管道长度与声速流导和临界压力比的关系。由于实验方法和管道材料的不同，得到经验公式也各不相同。

ISO 6358－1：2013 公布了以空气为介质，空气的压力 500kPa 条件下，树脂管的流量特性实验结果以及根据实验结果得到的管道流量特性计算的经验公式，关于管道的临界压力比，可采用如下近似式进行计算[2]。管子越长，临界压力比越小。图 5-11 表示计算得到的钢管和树脂管的声速流导。

$$b = 4.8 \times 10^2 \frac{C}{d^2} \tag{5-32}$$

$$C = \frac{0.029D^2}{\sqrt{\frac{L}{D^{1.25}} + 510}} \tag{5-33}$$

式中，D 是内径（m）；L 是管道长度（m）；C 是声速流导$[m^3/(s \cdot Pa)]$。

对于常用的尼龙管，1m 长度相当的有效截面积 S_{e0} 和声速流导 C_0 见表 5-2。这样，长度 $L(m)$ 的管道的有效截面积和声速流导计算如下：

$$S_e = S_{e0}\frac{1}{\sqrt{L}} \qquad C = C_0\frac{1}{\sqrt{L}} \tag{5-34}$$

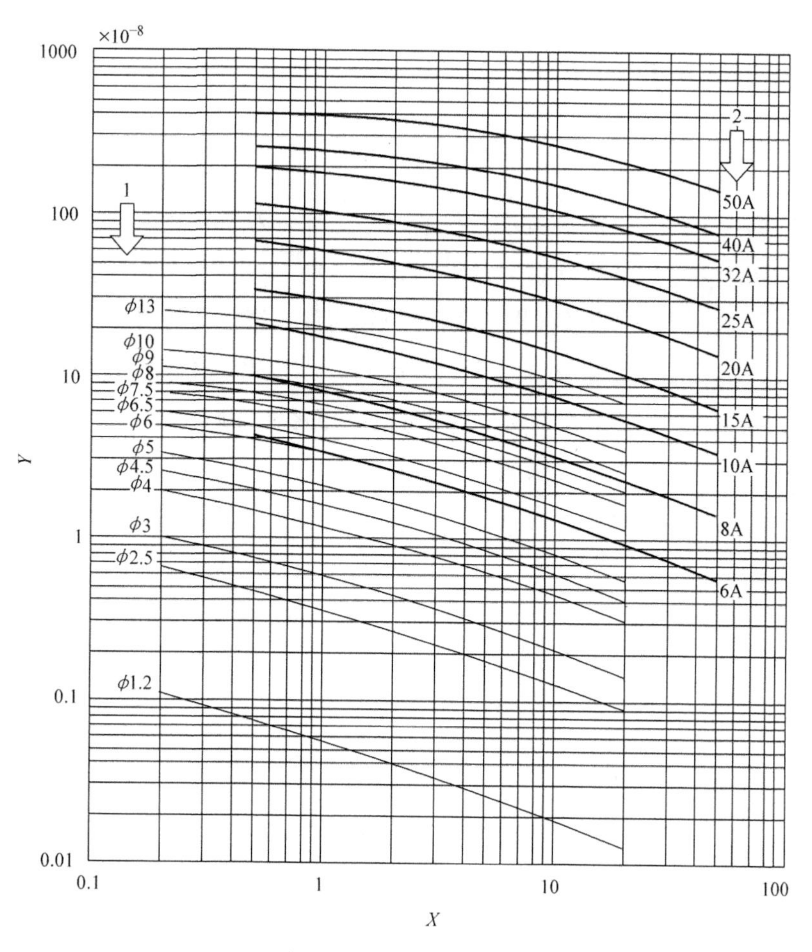

图5-11 在500kPa下钢管和树脂管的声速流导

X—管道的长度（m） 1—树脂管的内径（mm）

Y—声速流导［$m^3/(s \cdot Pa)$］ 2—钢管的公称直径（mm）

表5-2 单位长度1m的尼龙管的 S_{e0} 值和 C_0 值

物理量	数值				
内径 d/mm	2.5	4	6	7.5	9
S_{e0}/mm^2	1.8	6.5	18	28	43
$C_0/[dm^3/(s \cdot 0.1MPa)]$	0.36	1.3	3.6	5.6	8.6

5.8 ISO 6358 修订

1989 年制定的 ISO 6358 在世界中逐步普及的同时，其存在的问题也逐渐暴露出来。第一个问题是流量表示式仅适用于流路面积固定的元件，而不适用于流路面积随压力变化的多孔材质的消声器等；第二个问题是上下流压力测定管无法适用于 M3、M5、快插接头 $\phi 6$ 等小口径元件；第三个问题是测量耗气严重，无法测量大口径元件，不符合当今的节能趋势。为此，在日本流体工业会的推进下[3]，ISO/TC 131/SC 5/WG 3 工作组正在开展对 ISO 6358 的修订工作。修订工作包括用流量扩张表示式来适用所有元件[4]；用新的上下流压力测定管和变径接头来对应小口径元件；用等温化放出法来实现节能高效的测量[5]。

第 6 章　容腔充放气

在气动系统中，将压缩空气充入气罐、气缸等部件内部的容腔（容积固定或变化），然后再排放到大气或其他部件的过程随处可见，例如，气动系统中应用最为广泛的气缸运动，是对活塞两侧容腔进行充放气的结果。活塞起动之前，两侧容腔容积不变，是固定容腔的充放气；活塞运动时，两侧容腔容积随时间变化，是变容积容腔的充放气。为了便于分析，通常将气动系统中各部件内部复杂的几何结构简化为容腔，部件之间用小孔连接，用容腔和小孔的串并联来描述气动系统，因此，容腔的充放气是构成气动系统最基本的元素。

充气和放气中的容腔压力、温度变化直接影响到部件及其系统的动力学特性，容腔充放气特性是气动系统中的一个重要基础特性。容腔中的压力往往是气动系统设计的主要指标，通常，气动系统设计的目标是对系统几何、运行控制等参数进行设计，以满足压力大小及其相应时间等指标要求。

6.1　基本方程

容腔的充放气问题属于开口系统问题（见 3.1.4 节），即，容腔内空气与外部的交换不仅仅有热量交换，还有质量交换。如图 6-1 所示，基于欧拉法（见 4.1 节），以容腔内壁面的虚线包围的空间（控制体）为本节讨论的对象。

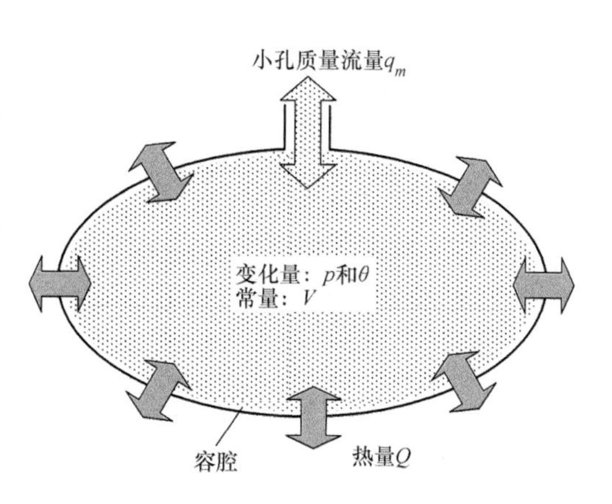

图 6-1　容腔充放气的开口系统

对于固定容腔（体积不变），状态方程（3-4）描述了容腔中气体的压力、质量和温度三者的相互关系，充放气过程中气体进出容腔使容腔中气体质量发生变化，从而改变容腔内的压力。根据气体的能量方程（3-7），气体的做功以及气体与外界的传热，将引起气体内能以及温度的变化，从而改变容腔的压力。根据流量特性方程（5-8），容腔中压力的变化会引起进出容腔气体流量的变化，进一步影响容腔内的压力。

对于体积 V 不变的固定容腔，根据气体状态方程，容腔内空气的状态由压力 p、温度 θ 和质量 m 三个变量确定。根据流量特性方程，进出容腔的质量流量由压力 p 和温度 θ 确定。因此，容腔充放气时，气体的状态由两个独立变量压力 p 和温度 θ 确定。本章的主要内容是应用状态方程和能量方程，分别推导压力和温度的微分方程式，并基于该方程分析充放气过程的气动特性。

6.1.1 压力微分方程式（状态方程）

由状态方程（3-4）可知，影响容腔内压力的因素有质量和温度，求解压力的变化，可以转换为求解质量和温度的变化问题。将状态方程（3-4）对时间求微分，可得到压缩的变化与质量以及温度的变化关系，如下：

$$\begin{aligned}\frac{\mathrm{d}p}{\mathrm{d}t} &= \frac{1}{V}\left(mR\frac{\mathrm{d}\theta}{\mathrm{d}t} + R\theta\frac{\mathrm{d}m}{\mathrm{d}t}\right)\\ &= \frac{p}{\theta}\frac{\mathrm{d}\theta}{\mathrm{d}t} + \frac{R\theta}{V}q_m\end{aligned} \tag{6-1}$$

这里，q_m 是进出控制体的质量流量，空气流入时为正，流出时为负。如第 5 章所述，质量流量取决于小孔上下游压力和上游温度。

注意：放气时，小孔的上游是容腔，充气时，小孔的下游是容腔。

6.1.2 温度微分方程式（能量方程）

气体的温度与内能成正比，温度的变化本质上取决于气体与外界之间的能量转换，即，温度变化取决于其与外界的热交换和做功情况。容腔充气时，外界气体充入容腔将能量带入容腔内，容腔内气体的内能增大、温度升高，温度高于环境温度，在温差的驱动下，气体通过容腔壁向环境传热；反之，容腔放气时，放出气体将能量带出容腔，环境通过容腔壁向气体传热。因此，充放气过程中，气体进出容腔带入带出的能量以及传热同时影响温度的变化。

根据能量守恒定律，将式（3-7）应用于控制体，容腔内气体内能的变化量 $\mathrm{d}U$ 取决于流进或流出气体的焓 δH、与外界的热交换量 δQ。

注意：进入控制体的 δH 和 δQ 的值为正，反之，为负。

$$dU = \delta H + \delta Q \tag{6-2}$$

容腔壁通常由金属制成，其热容量远大于气体，忽略气体充放气时温度变化对容腔壁温度的影响，即，容腔壁保持与室温 θ_a 相同。根据牛顿冷却定律（Newton's law of cooling），容腔内空气与容腔壁的传热可用下式表示：

$$\begin{aligned}\frac{dQ}{dt} &= hS_h\Delta\theta \\ &= hS_h(\theta_a - \theta)\end{aligned} \tag{6-3}$$

式中，h 是气体与容腔壁的传热系数；S_h 是容腔壁与气体传热的表面积。将式（3-17）、式（3-15）和式（6-3）分别代入式（6-1），可得：

$$\frac{d(mc_V\theta)}{dt} = q_m c_p \theta_1 + hS_h(\theta_a - \theta) \tag{6-4}$$

式中，θ_1 是小孔上游气体的温度。注意：放气时 θ_1 等于容腔内的气体温度 θ，而充气时不等于 θ_1。将式（6-4）的左侧展开后，整理得到：

$$\frac{d\theta}{dt} = \frac{1}{mc_V}[q_m c_p \theta_1 - q_m c_V \theta + hS_h(\theta_a - \theta)] \tag{6-5}$$

将其与式（6-1）联立后进行整理，得到如下的微分方程组：

$$\begin{cases}\dfrac{dp}{dt} = \dfrac{R}{c_V V}[q_m c_p \theta_1 + hS_h(\theta_a - \theta)] \\ \dfrac{d\theta}{dt} = \dfrac{R\theta}{c_V p V}[q_m c_p \theta_1 - q_m c_V \theta + hS_h(\theta_a - \theta)]\end{cases} \tag{6-6}$$

式中，气体流量 q_m 由式（5-8）表示。注意：式（6-6）中只有两个未知变量，压力 p 和温度 θ。设定压力 p 和温度 θ 的初始值，对时间积分就可来求解容腔内的压力响应和温度变化。

图 6-2 表示一个充气和一个放气过程中的传热系数 h 的测量值。由图 6-2 可见，传热系数随时间不断变化，充气/放气初始时刻最大，随后逐渐减小。充气过程中，传热系数的值大于放气过程，其原因是充气过程中，气体以一定速度充入容腔，对原有静止的气体形成了扰动，增强容腔内部气体的对流，加速了气体与容腔壁之间的传热，在此称为气搅拌现象[6]。

6.1.3　多变过程（包含等温过程和绝热过程）方程式

由上可知，传热系数的计算需要考虑气体在容器内的流动情况，求解过程

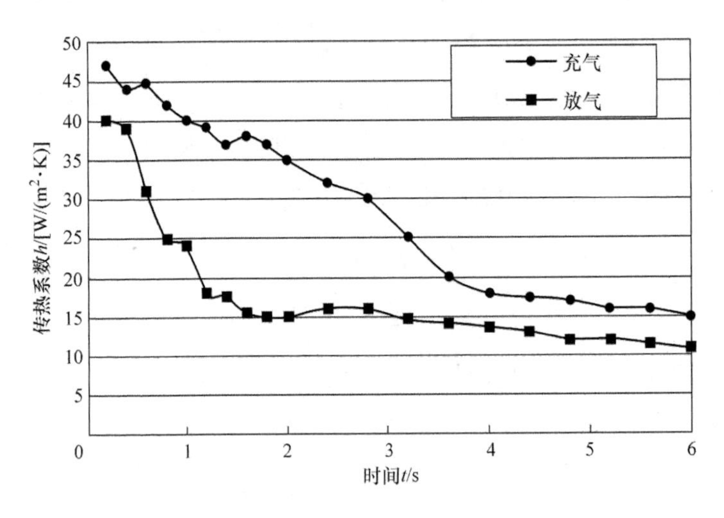

图 6-2　容腔充放气过程中传热系数 h 的测量值

复杂，基于传热系数的气体压力和温度微分方程，常用于理论分析或者精确求解。工程中，常采用多变指数 n 描述气体与容器壁的传热对气体状态的影响，从而简化上述微分方程。

如图 6-3 所示，控制体内的气体分成两部分：一部分在充放气过程中始终在容腔内部，另一部分进出容腔。以始终在容腔内部的气体为对象，并将其视为闭口系统（见 3.1.4 节），将气体的状态变化视为多变过程。上述气体的状态变化可用式（3-24）表示。

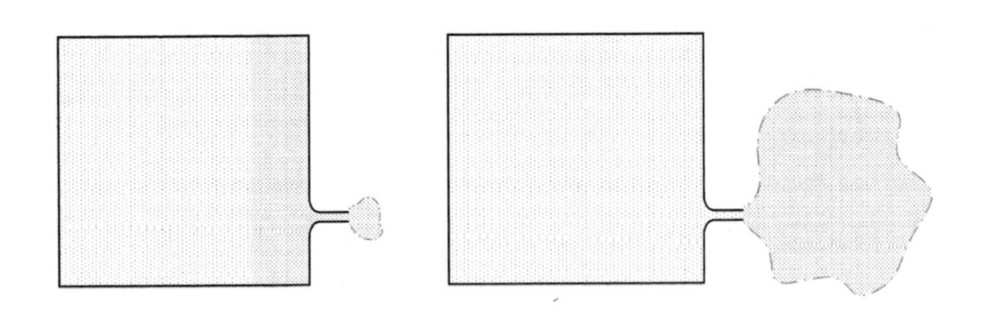

图 6-3　多变过程充放气模型

对式（3-24）进行微分，可得：

$$\frac{d\theta}{dt}=\frac{n-1}{n}\frac{\theta}{p}\frac{dp}{dt} \tag{6-7}$$

将式（6-7）与式（6-1）联立后进行整理，得到如下的微分方程组：

$$\begin{cases} \dfrac{dp}{dt} = n\dfrac{q_m R\theta}{V} \\ \dfrac{d\theta}{dt} = (n-1)\dfrac{q_m R\theta^2}{pV} \end{cases} \tag{6-8}$$

注意：充气时，需给定充入气体的压力 p_1 和温度 θ_1，才能计算质量流量 $q_m(p_1, p, \theta_1)$；放气时，需给定外界气体的压力 p_2，才能计算质量流量 $q_m(p, p_2, \theta)$。将 q_m 的函数代入式（6-8），式（6-8）中的未知量就只有压力 p 和温度 θ。设定压力 p 和温度 θ 的初始值，分别对两式积分，可得到容腔内的压力、温度随时间的变化。

由式（6-8）可知，对容腔进行充气时，如果流量 q_m 一定，多变指数 n 越大，压力 p 和温度 θ 上升得越快；相反，从容腔放气时，多变指数 n 越大，压力 p 和温度 θ 也下降得越快。所以，欲提高压力的响应速度，提高多变指数，即，减少空气与外界的热交换。

在实际的充气和放气过程中，多变指数与传热系数一样都不是固定值。但由于气动系统中实际的充放气过程都很快，多变指数大多在 1.35 以上，所以可近似地按绝热过程处理。

按绝热过程处理时，$n = \kappa = 1.4$，式（6-8）可写为：

$$\begin{cases} \dfrac{dp}{dt} = \kappa\dfrac{q_m R\theta}{V} \\ \dfrac{d\theta}{dt} = (\kappa-1)\dfrac{q_m R\theta^2}{pV} \end{cases} \tag{6-9}$$

如果充放气过程非常缓慢，可假设气体的变化满足等温过程，即，$n = 1$，式（6-8）可简化为：

$$\begin{cases} \dfrac{dp}{dt} = \dfrac{q_m R\theta}{V} \\ \theta \equiv \text{const} \end{cases} \tag{6-10}$$

为了讨论传热系数与多变指数的关系，将式（6-6）与式（6-8）联立，同时，令 $\theta_1 = \theta$，可以得到：

$$h = (\kappa - n)\frac{c_V q_m}{S_h}\frac{\theta}{(\theta - \theta_a)} \tag{6-11}$$

综上所述，传热过程和多变过程两种方法是求解容腔充放气过程压力和温度的基本方法，多变过程的方程组，采用固定的多变指数，由于不需要计算传热系数，简单易解。但由图6-4可以看出，根据式（6-9）得到的容腔内温度在充气过程中表现为一直上升，而在放气过程中表现为一直下降，而实际充放气过程中温度在初始时段偏离室温，在温差的作用下，通过与容器壁传热，气体温度最终将恢复到室温（图6-7），即，温度并不是单调递增或递减，即，基于多变过程得到的结果与实际情况矛盾。

基于多变过程的方法计算简单，但在充放气温度恢复期将引入计算误差，一般用于充放气初始阶段的计算。基于传热过程的方法，求解相对复杂，但求解精度高，在实际计算中，通常将传热系数设为固定值，可获得相对高精度的计算结果[7]，在精确建模和求解时，传热过程更多地被使用。

6.2 无因次方程

上节中给定了容腔的参数，通过求解压力和温度微分方程组，可以计算压力和温度随时间的变化。但由于式（6-6）是非线性时变微分方程，没有解析解，即，容腔参数与压力、温度变化快慢的关系，不能显式（解析）给出。而气动系统的设计中，往往希望通过设计容腔的参数，满足压力、温度变化快慢等系统动态性能的要求，因此，需要建立容腔的参数与容腔充放气动态特性之间的关系。

为此，本节用容腔的参数构造基准量，对式（6-6）做数学上的坐标变换，得到无因次（各变量没有量纲）形式的压力和温度微分方程，并通过求解无因次方程，得到无因次压力和温度随时间变化的曲线。这样，根据容腔的参数计算出基准量以及曲线，就可以得到压力和温度的变化。同时，还可通过无因次数学模型和其基准量来了解影响充放气特性的独立参数，这对于较好地掌握充放气过程的本质特性具有重要意义。

6.2.1 基准量

1. 基准压力 p_s

充气时的基准压力定为供给压力；放气时的基准压力定为容腔的初始

压力。

2. 基准温度 $\boldsymbol{\theta_a}$

基准温度定为外界环境温度，即室温 θ_a。

3. 基准流量 $\boldsymbol{q_{m\max}}$

基准流量定为基准压力 p_s下的声速流的流量，也是充气或放气过程中的最大流量。

$$q_{m\max} = \rho_0 C p_s \sqrt{\frac{\theta_0}{\theta_a}} \tag{6-12}$$

式中，ρ_0，θ_0是容腔充放气初始时刻，气体的密度和温度；C 是充气或放气通道的声速流导。

4. 基准时间 $\boldsymbol{T_p}$

充气时的基准时间是以基准流量 $q_{m\max}$将容腔从完全真空充到基准压力 p_s所需的时间；放气时的基准时间是以基准流量 $q_{m\max}$将容腔从基准压力放气到完全真空所需的时间。其计算表达式如下：

$$T_p = \frac{m}{q_{m\max}} = \frac{p_s V}{R\theta_a q_{m\max}} = \frac{V}{R\theta_a \rho_0 C}\sqrt{\frac{\theta_a}{\theta_0}} \tag{6-13}$$

注意：基准时间 T_p与基准压力 p_s的大小无关，主要取决于容腔容积与充放气通道声速流导的比值 V/C。

6.2.2　无因次数学模型

确定了以上基准量后，就可以以它们为基准，对原来的数学模型进行无因次化。

1. 容腔充气

首先，对容腔内压力 p、θ 温度和时间 t 进行无因次化

$$p^* = \frac{p}{p_s} \tag{6-14}$$

$$\theta^* = \frac{\theta}{\theta_a} \tag{6-15}$$

$$t^* = \frac{t}{T_p} \tag{6-16}$$

通常，供给空气的温度 θ_1就是室温 θ_a，这里就假设两者相同。这样，充入容腔

的空气流量可表示为：

$$q_{mc}^{*} = \frac{q_{mc}}{q_{m\max}} = \begin{cases} 1 & p^{*} \leqslant b \\ \sqrt{1 - \left(\frac{p^{*} - b}{1 - b}\right)^{2}} & p^{*} > b \end{cases} \tag{6-17}$$

式（6-12）中的压力微分式可写成：

$$\frac{\mathrm{d}p}{\mathrm{d}t} = \frac{R}{c_V V}\left[q_{mc} c_p \theta_a + hS_h(\theta_a - \theta) \right] \tag{6-18}$$

将其无因次化，可得：

$$\frac{\mathrm{d}p^{*}}{\mathrm{d}t^{*}} = \frac{c_p}{c_V} q_{mc}^{*} + T_p \frac{hS_h R\theta_a}{c_V p_s V}(1 - \theta^{*}) \tag{6-19}$$

式中，T_h 表示的是热平衡时间常数：

$$T_h = \frac{c_V p_s V}{hS_h R\theta_a} = \frac{c_V m}{hS_h} \tag{6-20}$$

其物理意义为通过传热将容腔内全部空气具有的内能传递给绝对零度环境所需的时间。另外，再代入比热比 $\kappa = c_p / c_V$，式（6-6）中的压力微分式变为：

$$\frac{\mathrm{d}p^{*}}{\mathrm{d}t^{*}} = \kappa q_{mc}^{*} + \frac{T_p}{T_h}(1 - \theta^{*}) \tag{6-21}$$

同样，对式（6-12）中的温度微分式进行同样的无因次化，可得：

$$\frac{\mathrm{d}\theta^{*}}{\mathrm{d}t^{*}} = \frac{\theta^{*}}{p^{*}}\left[(\kappa - \theta^{*}) q_{mc}^{*} + \frac{T_p}{T_h}(1 - \theta^{*}) \right] \tag{6-22}$$

在以上两个无因次方程式中，唯一的一个外在参数是基准时间与热平衡时间常数的比

$$K_a = \frac{T_p}{T_h} \tag{6-23}$$

该参数为香川利春在文献[7]中提出，故也称为香川系数。香川系数的值表示的是传热程度的大小。香川系数越大，容腔内空气与外界的传热越充分。

式（6-22）与式（6-23）构成了压力和温度的无因次微分方程组，即，容腔充气的无因次数学模型，见下式。

$$\begin{cases} \dfrac{\mathrm{d}p^{*}}{\mathrm{d}t^{*}} = \kappa q_{mc}^{*} + K_a(1 - \theta^{*}) \\ \dfrac{\mathrm{d}\theta^{*}}{\mathrm{d}t^{*}} = \dfrac{\theta^{*}}{p^{*}}\left[(\kappa - \theta^{*}) q_{mc}^{*} + K_a(1 - \theta^{*}) \right] \end{cases} \tag{6-24}$$

2. 容腔放气

从容腔放气时，流出容腔的空气流量可表示为：

$$q_{md}^* = \frac{q_{md}}{q_{m\max}} = \begin{cases} \dfrac{p^*}{\sqrt{\theta^*}} & p^* \leqslant b \\ \dfrac{p^*}{\sqrt{\theta^*}}\sqrt{1-\left(\dfrac{p^*-b}{1-b}\right)^2} & p^* > b \end{cases} \tag{6-25}$$

注意：在放气时，即使是声速流，因为空气流量与容腔内温度有关，所以与充气不同，q_{md}^*不是定值。

放气时上流温度为容腔内温度，式（6-6）可写成

$$\begin{cases} \dfrac{dp}{dt} = \dfrac{R}{c_V V}[q_{md}c_p\theta + hS_h(\theta_a - \theta)] \\ \dfrac{d\theta}{dt} = \dfrac{R\theta}{c_V pV}[q_{md}c_p\theta - q_m c_V\theta + hS_h(\theta_a - \theta)] \end{cases} \tag{6-26}$$

$$\begin{cases} \dfrac{dp^*}{dt^*} = \kappa q_{md}^* p^* \sqrt{\theta^*} + K_a(1-\theta^*) \\ \dfrac{d\theta^*}{dt^*} = \dfrac{\theta^*}{p^*}[(\kappa-1)\theta^* q_{md}^* + K_a(1-\theta^*)] \end{cases} \tag{6-27}$$

6.2.3　无因次压力与温度的响应

根据上述无因次数学模型，可用数值计算方法求解容腔内压力与温度的无因次量 p^* 和 θ^* 的响应。

图 6-4 和图 6-5 分别是充气和放气时的求解结果，图中表示了各种香川系数下的响应曲线。$K_a=0.1$ 表示传热很少，容腔内空气状态变化接近于绝热过程；$K_a=10$ 表示传热较充分，容腔内空气状态变化接近于等温过程。

由图 6-4 可见，无论何种程度传热，压力基本在无因次时间达到 1 时趋于稳定。所以，只要算出充气的基准时间 T_p，就可基本把握压力响应的快慢。此外，还可看出传热程度越低，压力响应就越快的传热影响。另外，在最下方的流量曲线中存在曲线交叉的现象，这是因为传热程度低时，充气初期容腔内压力上升快，流入流量小，随后压力基本达到稳定后温度恢复缓慢，由此导致一直有热量传出，流量需一直流入以补充压力下降的结果。所以，传热程度低时，尽

管压力响应速度快，但其达到最终稳定状态的时间却很长。

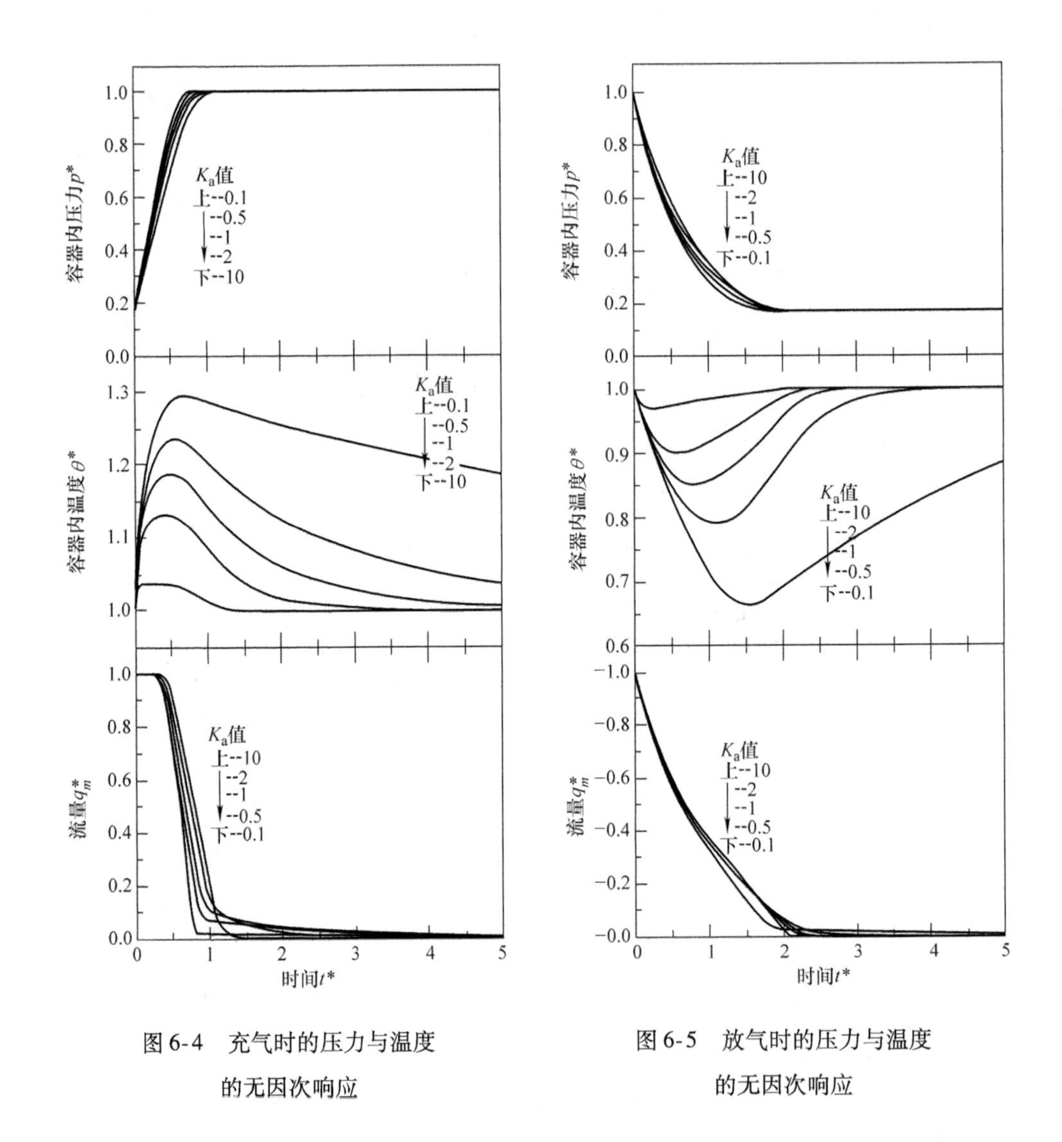

图 6-4　充气时的压力与温度的无因次响应

图 6-5　放气时的压力与温度的无因次响应

图 6-5 与图 6-4 最大的不同就是响应慢，压力达到稳定所需的时间约为 2 个基准时间，是充气时的两倍。这是由于放气时的上流压力为一直在下降的容腔内压力，放气流量如图 6-5 中流量曲线也随之一直在下降的缘故。在气动系统中，存在大量的充气、放气的过程，请注意这两者所需的时间不一样，放气所需的时间约是充气的两倍。

6.3 容腔内平均温度的测量法——止停法

在容腔的充放气研究中，容腔内空气的平均温度的测量十分重要。通常，该温度的直接测量方法为使用热电偶。但由于空气热容量相比金属材料来说极其小，为不至于对测量结果造成影响并保证足够快的响应速度，需使用几个微米粗细的热电偶。在容腔内部设置这样细的热电偶操作起来非常困难，而且，因容腔内存在温度分布，为测量平均值，还需在不同位置安装多个热电偶，这使得这种方法在实际中难以被采用。

止停法作为一种可以测量容腔充放气过程中任意时刻的容腔内平均温度的实用方法，在气动研究中得到了广泛的使用[8]。该方法的测量原理为在被测时刻停止充气或放气，使容腔内空气处于封闭状态并使之温度逐渐恢复到室温，测量停止时刻的压力和最终恢复到的压力，即可利用状态方程式计算出停止时刻的容腔内空气的平均温度。

这里以放气为例，具体的测量回路如图 6-6 所示，其测量步骤如下：

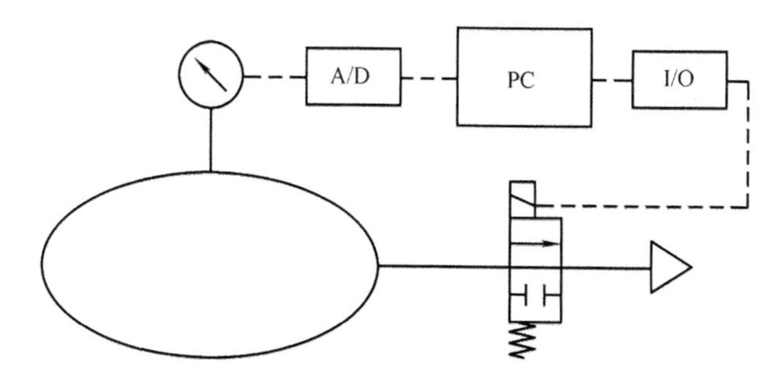

图 6-6　容腔放气的测量回路

1）打开电磁阀开始放气，同时开始采集压力数据。

2）放气时间达到被测时刻 t_1 时，关闭电磁阀停止放气，等待直到压力不再变化为止。

3）从采集的压力数据中读取时刻 t_1 的压力 p_1 和稳定后的压力 p_∞，然后测量室温 θ_a。

4）计算时刻 t_1 时的容腔内空气的平均温度 $\overline{\theta}_1$。

因为停止放气后容腔内空气处于封闭状态，质量和体积都不变化，所以时

刻 t_1 时的质量：

$$\int_V \rho_1 \mathrm{d}V = p_\infty V = \frac{p_\infty V}{R\theta_a} \tag{6-28}$$

时刻 t_1 时的平均温度 $\bar{\theta}_1$ 可用下式求解

$$\bar{\theta}_1 = \frac{\int_V p_1 \theta_1 \mathrm{d}V}{\int_V \rho_1 \mathrm{d}V} = \frac{p_1 V}{R} \bigg/ \frac{p_\infty V}{R\theta_a} = \frac{p_1}{p_\infty}\theta_a \tag{6-29}$$

改变关闭电磁阀的时刻，同样可以测得时刻 t_2 的平均温度，不断重复这样的过程，就可测量容腔内平均温度在放气过程中随时间的变化曲线，如图 6-7 所示。

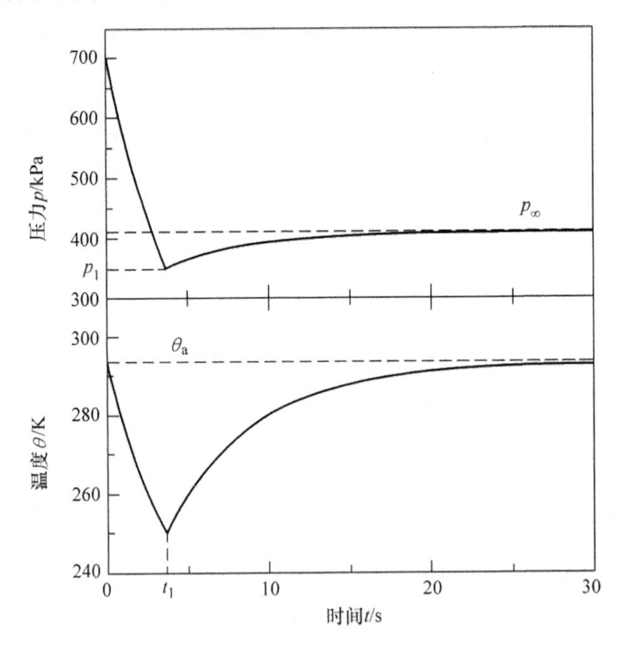

图 6-7　停止后的压力和温度的变化曲线

第 7 章　气 动 功 率

气动系统由于系统构成简单、元器件价格低廉、维护容易等特点，从 20 世纪 70 年代开始在工业自动化领域的应用逐步扩大，至今已形成全球年销售约 110 亿美元的市场规模，在汽车生产、半导体制造等行业中发挥着重要的作用。但是，其能耗问题被很少关注。现在，气动系统中的耗能设备——工业压缩机的耗电占据了工厂总耗电量的 10% ~20%，有些工厂甚至高达 35%[9]。我国工业压缩机每年耗电量在 1000 亿 ~1200 亿 kW · h，约占全国总发电量的 6%。在原油日益高涨，能源问题突出的今天，气动系统效率偏低、浪费严重等问题也引起了人们的关注。目前，我国大部分企业对气动系统能耗问题认识不足，节能意识淡薄。因此，研究气动系统中的能量转换，明确压缩空气所携带的能量，分析气动系统内的主要损失，对今后制定相应的气动节能措施，深入地开展气动节能活动具有重要意义。

本章先分析工业现场广泛使用的能量评价指标——空气消耗量的缺点，然后从热力学理论介绍压缩空气的绝对能量——焓的概念及其适用性，随后阐述一种新的能量评价指标——表征相对能量的有效能与气动功率。最后，基于气动功率概念，讨论气动系统的系统损失及造成气动功率损失的因素。

7.1　空气消耗量

空气消耗量是指气动设备单位时间或一个动作循环下所耗空气的体积。通常，该体积用换算到标准状态（100kPa、20℃、相对湿度 65%）下的流量和体积来表示，单位为 m^3/min（ANR）或 m^3（ANR）、L/min（ANR）或 L（ANR）[10]。空气消耗量是当前评价气动设备耗气的主要指标，在工业现场被广泛采用。

由于空气消耗量表示的是体积而不是能量，所以用它来表示能量消耗时需通过压缩机的比功率（Specific power）或比能量（Specific energy）指标来换算。

比功率表示的是输出单位体积流量压缩空气所需的平均消耗电力，单位通常为 kW/(m³/min)；比能量表示的是输出单位体积压缩空气所需的平均耗电量，单位通常为 kW·h/m³。从以上定义可以看出，两者虽名称不同，但表示的是同一概念，在单位上可以相互换算。例如，某压缩机额定功率为 75kW，额定输出流量为 12m³/min，其比功率 α 为:

$$\alpha = \frac{75\text{kW}}{12\text{m}^3/\text{min}} = 6.25\text{kW}/(\text{m}^3/\text{min}) \tag{7-1}$$

其比能量 α' 为:

$$\alpha' = \frac{75\text{kW} \times 1\text{h}}{12\text{m}^3/\text{min} \times 60\text{min}} = 0.104\text{kW} \cdot \text{h}/\text{m}^3 \tag{7-2}$$

注意：以上计算中用的额定输出流量通常是指换算到压缩机吸入口附近大气状态的体积流量。比功率/比能量因压缩机类型、厂家、型号和输出压力而异。

这样，通过比功率或比能量就可进行空气消耗量的能耗换算。比如某设备的空气消耗量为 1.0m³/min（ANR），其所在工厂压缩机的比功率为 6.25kW/(m³/min)，压缩机入口处的大气压力为 101.3kPa，大气温度为 30℃，该设备的实际用气能耗可按以下步骤计算。

1. 将设备耗气转换成压缩机入口处大气状态下的体积流量

$$\begin{aligned} q_V &= q_{V\text{ANR}} \frac{p_{\text{ANR}}}{p} \frac{\theta}{\theta_{\text{ANR}}} \\ &= 1.0 \times \frac{100}{101.3} \frac{273+30}{273+20} \text{m}^3/\text{min} \\ &= 1.02\text{m}^3/\text{min} \end{aligned} \tag{7-3}$$

2. 用比功率进行能耗计算

$$W = q_V \alpha = 1.02 \times 6.25\text{kW} = 6.375\text{kW} \tag{7-4}$$

这样的能耗换算关系如图 7-1 所示。

上述这种能耗评价体系尽管可以评价设备最终的用气能耗，但具有如下两个缺点。

1）表示设备特性之一的空气消耗量不具有能量单位，不能独立地表示设备能耗，设备能耗还依赖于所用气源的比功率或比能量。

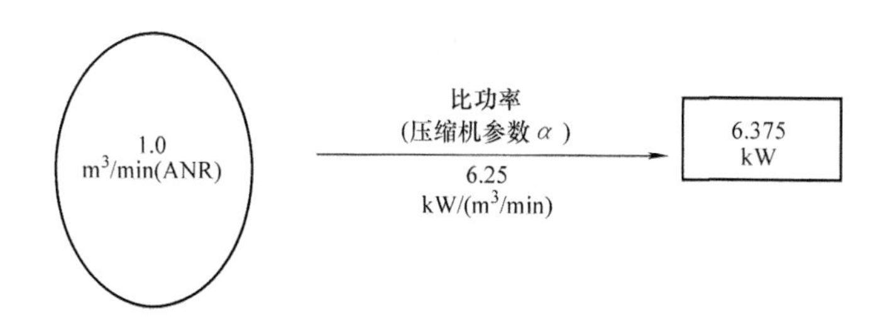

图 7-1 基于比功率的能耗换算

2）无法对气源输出端到设备使用端的中间环节的能量损失做出量化，比如管道压力损失导致的能量损失无法计算，即无法对气动系统中存在的能量损失做出分析。

要克服以上缺点，必须使用具有能量单位焦或瓦的评价指标，该指标既独立于气源，同时又与压力变化相关，如同电力不仅取决于电流，还取决于电压一样。

7.2 压缩空气的绝对能量——焓

根据热力学理论，流动空气的绝对能量由焓、运动能和势能组成[11]。其中，运动能和势能比较小以致基本可以忽略不计，而焓由内能与传送能组成。所以，空气流动过程中所具有的绝对能量可表示为：

$$H = U + pV = mc_p\theta \tag{7-5}$$

式中，m 是空气质量；c_p是比等压热容；θ 是空气热力学温度。

参照式（7-5），空气的绝对能量取决于空气的质量和温度，与压力无关。即使是大气状态的空气，也含有大量的焓。

对于气动系统内的能量转换，可直观地考虑为电动机驱动压缩机先做功将空气压缩，做功能量储存到压缩空气中，随后压缩后的空气在气缸等执行器处将该能量释放输出机械能，实现动力传递的目的。这样储存在压缩空气中的能量伴随空气的压缩或膨胀而增减，具有与焓完全不同的性质。因而，焓不能用来表示气动系统中储存在压缩空气中用于动力传动的能量。

7.3 压缩空气的相对能量——有效能

7.3.1 气动系统中的能量转换

气动系统通常工作在大气环境中，在压缩机处消耗电力，通过电动机输出机械动力做功以压缩空气，将该部分机械能储存于压缩空气中。随后，通过管道将压缩空气输送到终端设备，在终端设备的气缸等执行元件处对外做功，将储存于压缩空气中的能量还原成机械能。另外，由于管道摩擦、接头等的存在，压缩空气在输送过程中压力会逐渐下降，损失一部分能量。以上过程中，压缩空气呈如下状态变化循环：大气状态→压缩状态→压缩状态（压力略降）→大气状态。因此，气动系统中能量的转换/损失在压缩空气的状态变化中得到反映，用空气的状态量来表示储存于压缩空气中的能量是可行的。

为了验证这点，以下分别讨论对应于大气状态→压缩状态的压缩过程和对应于压缩状态→大气状态的做功过程，分析这两个过程中的能量转换与空气状态变化间的关系。

7.3.2 空气的压缩与做功

空气的压缩与做功过程因压缩机与执行器的种类而不同。这里为了讨论方便，以构造最为简单的往复活塞式容积压缩机和气缸为对象，并忽略摩擦力等因素，讨论压缩与做功的理想过程。

一般而言，压缩机输出的压缩空气都是高温空气，经过冷却干燥处理后以常温状态再输送给终端设备。为制造这样的压缩空气，从大气吸入空气后进行等温压缩所需要的功最少[11]。如图 7-2 所示，理想的空气压缩过程按如下步骤进行。

1）吸气过程：将活塞从位置 A 拉到位置 B，从大气环境中缓慢地、准静态地吸入大气。

$$W_{A \to B} = 0 \tag{7-6}$$

2）压缩过程：将活塞从位置 B 推到位置 C，将密闭的大气以等温变化压缩到供气压力 p_s。

$$W_{B\to C}=\int_{V_0}^{V_s}(p-p_a)(-dV)$$
$$=p_sV_s\ln\frac{p_s}{p_a}-p_a(V_0-V_s) \tag{7-7}$$

3）送气过程：将截止阀 1 打开，活塞从位置 C 推到位置 A，将压缩好的空气完全推送出去。此时，出口压力始终保持为供气压力 p_s。

$$W_{C\to A}=(p_s-p_a)V_s \tag{7-8}$$

因为是等温压缩，所以 $p_aV_0=p_sV_s$ 成立。以上三个步骤中压缩机做的总功为：

$$W_{ideal\_compress}=W_{A\to B}+W_{B\to C}+W_{C\to A}$$
$$=p_sV_s\ln\frac{p_s}{p_a} \tag{7-9}$$

如图 7-2 所示，以上做功获得的压力 p_s、体积 V_s的压缩空气被输送到右侧气缸的无杆腔，在气缸处对外做功。此时同样，等温膨胀可使压缩空气做功最大[11]。压缩空气的理想做功过程按如下步骤进行：

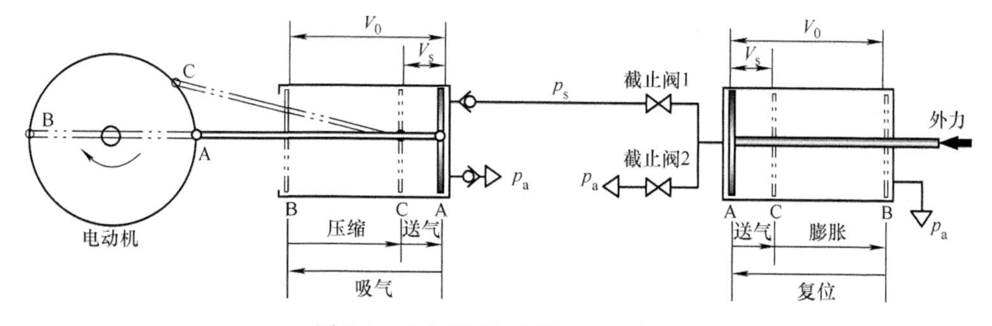

图 7-2 空气的理想压缩和理想做功

1）送气过程：以上压缩过程中的送气过程将活塞从位置 A 推到位置 C，缓慢地、准静态地将压力 p_s的压缩空气推入气缸。

$$W_{A\to C}=(p_s-p_a)V_s \tag{7-10}$$

2）膨胀过程：关闭截止阀 1，使推入的压缩空气以等温变化膨胀，其压力从 p_s变到大气压 p_a，活塞从位置 C 移动到位置 B。

$$W_{C\to B}=\int_{V_s}^{V_0}(p_s-p_a)dV$$
$$=p_sV_s\ln\frac{p_s}{p_a}-p_a(V_0-V_s) \tag{7-11}$$

3）复位过程：打开截止阀 2 让活塞两侧向大气开放，使活塞从位置 B 复位到位置 A。

$$W_{B\to A}=0 \tag{7-12}$$

因为是等温膨胀，所以 $p_aV_0=p_sV_s$ 成立。以上三个步骤中压缩空气对外做的总功为：

$$\begin{aligned}W_{ideal\_work}&=W_{A\to C}+W_{C\to B}+W_{B\to A}\\&=p_sV_s\ln\frac{p_s}{p_a}\end{aligned} \tag{7-13}$$

以上讨论的都是理想过程，而实际上由于各种损失的存在，以下不等式成立。

$$W_{compress}>p_sV_s\ln\frac{p_s}{p_a}>W_{work} \tag{7-14}$$

由式（7-14）可以看出，$p_sV_s\ln\frac{p_s}{p_a}$是空气理想压缩和空气理想做功过程中的能量转换量，是一个仅取决于空气状态的物理量。

根据式（7-14），有效能相当于压缩空气在执行器处能做的最大功，在压缩机处制造同样空气所需的最小功。

7.4 气动功率

7.4.1 定义

空气流动时，空气流束所含的有效能表现为动力形式，称之为气动功率（Pneumatic Power）。其表达式为[12]：

$$P=\frac{dE}{dt}=pq_m\ln\frac{p}{p_a}=p_aq_{Va}\ln\frac{p}{p_a} \tag{7-15}$$

式中，q_m是压缩状态下的质量流量；q_{Va}是换算到大气状态下的体积流量。

气动功率的计算实例见表 7-1。

表 7-1 气动功率计算实例

绝对压力 p/MPa	体积流量 q_{Va}/（L/min）（ANR）		
	100	500	1000
	气动功率 P/kW		
0.1013	0.00	0.00	0.00
0.2	0.11	0.57	1.15

（续）

绝对压力 p/MPa	体积流量 q_{Va}/（L/min）（ANR）		
	100	500	1000
	气动功率 P/kW		
0.3	0.18	0.92	1.83
0.4	0.23	1.16	2.32
0.5	0.27	1.35	2.70
0.6	0.30	1.50	3.00
0.7	0.33	1.63	3.26
0.8	0.35	1.74	3.49
0.9	0.37	1.84	3.69
1.0	0.39	1.93	3.87
1.1	0.40	2.01	4.03

例如，绝对压力为0.8MPa、体积流量为1000L/min（ANR）的压缩空气的气动功率为3.49kW。从单位kW可以看出，气动功率使工厂中的压缩空气可以与电力一样，在kW单位下统一来进行能量消耗管理。

这样，气动设备的用气能耗可以不再依赖于气源，直接用其气动功率值来表示即可。此时的用气能耗将区别于式（7-4）的能耗，不再包含气源及输送管道的损失，是供给到设备的纯能量。式（7-4）计算的最终能耗中，压缩机及冷却干燥处理等的损失占到了（6.375－3.49）kW＝2.885kW。

此外，气源、输送管道等各个环节的损失可以分别用气动功率计算出来。例如，体积流量1.0m^3/min（ANR）的输送管道压力从0.8MPa降到0.6MPa时，其气动功率从3.49kW降到3.00kW，能量损失为0.49kW。压缩机的效率也可以用气源输出的气动功率与所耗电力的比值来评价。

运用新的气动功率的量化方法，将区别于传统的基于空气消耗量的评价体系，可以将气动系统中各个环节的损失计算出来，这对明确节能目标有着非常重要的意义。

7.4.2　构成

在液压系统中，工作油从液压泵输出后流向下流，每流动压力p、体积V的工作油，就向下流传送pV的机械能。这个能量与内能不同，不是流体固有的能量，而是流体流动过程中从上流向下流传送的能量。压缩空气在压缩状态下流动时，与液体一样传送该能量，将该能量称为压缩空气的传送能。

压缩空气与液体不同，在传送能的同时，如前所述还具有利用其膨胀性进行对外做功的能力，称利用膨胀对外做功的能量为压缩空气的膨胀能。

压缩空气的有效能由以下两部分构成。

1. 传送能（Transmission Energy）

由于有效能是以大气状态为基准的相对能量，传送能中对大气做功的部分必须减去。这样，压缩空气的传送能可用下式表示：

$$E_{\mathrm{t}}=(p-p_{\mathrm{a}})V \tag{7-16}$$

对时间进行微分得压缩空气的传送功率：

$$P_{\mathrm{t}}=(p-p_{\mathrm{a}})q_V \tag{7-17}$$

2. 膨胀能（Expansion Energy）

压缩空气的膨胀能可用它的最大膨胀功来表示，采用等温膨胀可求得该膨胀功。与传送能一样，膨胀功中减去对大气做功的部分，就是有效能。

$$E_{\mathrm{e}}=pV\ln\frac{p}{p_{\mathrm{a}}}-(p-p_{\mathrm{a}})V \tag{7-18}$$

对时间进行微分得压缩空气的膨胀功率：

$$P_{\mathrm{e}}=pq_V\ln\frac{p}{p_{\mathrm{a}}}-(p-p_{\mathrm{a}})q_V \tag{7-19}$$

储存在固定容器中的压缩空气没有传送能，其有效能仅为膨胀能，可用式（7-20)算出。

图7-3表示的是体积流量为1.0$\mathrm{m^3/min}$（ANR）的压缩空气的气动功率。其中，灰色部分表示的是传送功率，网格部分表示的是膨胀功率。如图7-3所示，随着压力的上升，两个功率都在上升。在大气压附近，膨胀功率很小，传送功率占据支配地位。但随着压力上升到0.52MPa时，两个功率变为相等。压力再向上升，膨胀功率超过50%继续上升。

由此可见，由于空气的压缩性而产生的膨胀功率在气动功率中占据很大的比率，在评价和利用空气的能量时，必须考虑这部分能量。当前气缸的驱动回路中，膨胀能基本都没有得到利用，这也是导致气缸效率低下的原因之一。

7.4.3 温度的影响

式（7-15）中表示的是大气温度状态下的压缩空气的气动功率。在偏离大

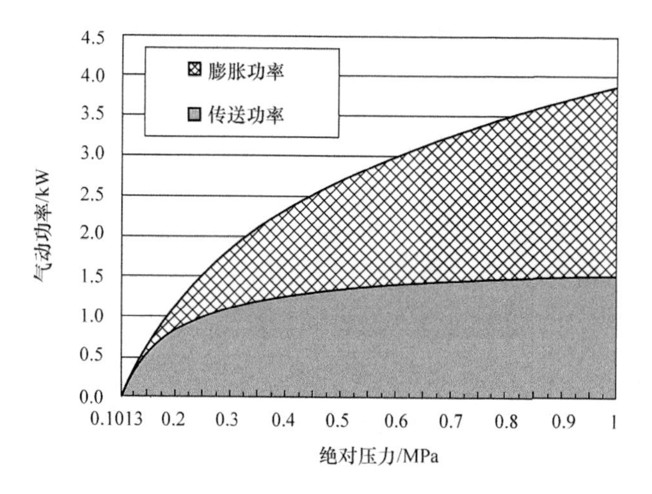

图 7-3 气动功率的构成

气温度时，其气动功率可用下式表示[13]：

$$P = p_a q_{Va}\left[\ln\frac{p}{p_a} + \frac{\kappa}{\kappa - 1}\left(\frac{\theta - \theta_a}{\theta_a} - \ln\frac{\theta}{\theta_a}\right)\right] \tag{7-20}$$

这里，θ 是空气的热力学温度，θ_a是大气温度，κ 是空气的绝热指数。

图 7-4 表示的是气动功率受温度影响的情况。空气温度越偏离大气温度，其气动功率越高。这是因为气动功率表示的相对于基准——大气状态的一个相对量，越偏离基准，其值就越高。

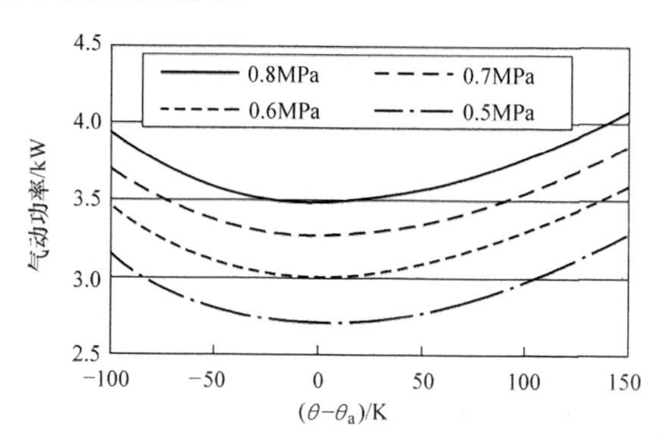

图 7-4 气动功率随温度的变化

通常，压缩机输出的压缩空气温度比大气温度高 10～50℃，参照图 7-4，其气动功率要增加几个百分点。由于压缩空气从压缩机到终端设备的输送过程中，会在干燥机或管道中自然冷却成大气温度，所以在温度的处理上需要谨慎。通常，是将高温压缩空气按等压变化换算成大气温度，然后用式（7-16）进行计算。

7.4.4 动能的影响

压缩空气的动能与有效能一样可以转换为机械能。严格来说，动能也应包括在压缩空气的有效能中。

空气密度很小，但其动能能否忽略不计取决于其速度。如图 7-5 所示，平均流速在 100m/s 以下时，动能在有效能中的比率低于 5%，可以忽略不计[14]。通常，工厂管道中的空气流速远低于 100m/s，所以一般可以不用考虑。但是，在处理流速很快的气动元器件内部的能量收支时，就必须考虑动能，否则，能量收支无法平衡。

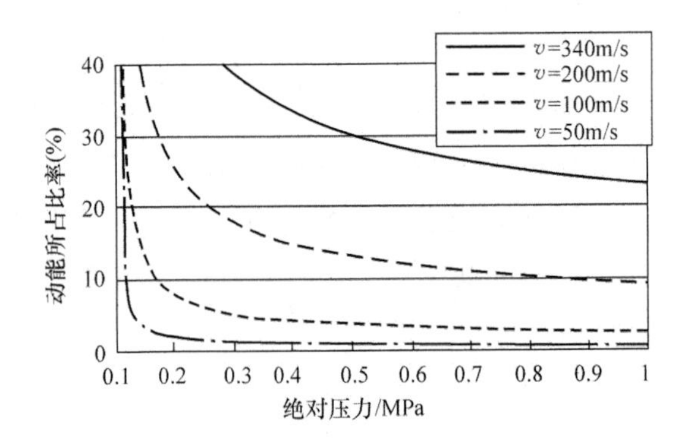

图 7-5 动能在有效能中所占比率

7.5 损失分析

7.5.1 气动功率的损失因素

气动系统中的能量损失实质上是气动功率的损失。因此，有必要分析导致气动功率损失的因素。

气动功率的有效能实质也是热力学中的有效能，其损失将遵守热力学中有效能的损失法则。这个法则就是热力学第二定律。根据这个法则，不可逆变化将导致有效能减少，熵增加[11]。因此，不可逆变化将导致气动功率损失。

气动系统中的不可逆变化大致可区分为机械不可逆变化和热不可逆变化[15]。

1. 机械不可逆变化

（1）外部摩擦 空气在管道中流动时，与管道内壁发生摩擦产生抵抗。空气流经管道的压力损失就是这部分摩擦引起的。

（2）内部因素 空气在管道中流动时，空气分子之间的黏性摩擦力尽管可以不计，但流动的紊乱及漩涡引起的损失却无法忽略。压缩空气流经接头或节流孔时产生的损失主要就是由这部分因素造成的。

2. 热不可逆变化

（1）外部热交换 气动系统中空气温度随着空气压缩或膨胀极易变化，因而与外界的热交换较多。气动系统中热交换量最大的地方就是空气被压缩后从压缩机输出后的冷却处理。另外，容器的充放气以及空气流经节流孔后的温度恢复过程等处都存在热交换。

现以空气绝热压缩后再冷却到室温的等压过程为例，压缩到绝对压力0.6MPa后的冷却处理过程将导致23.4%的有效能损失。

（2）内部因素 对容器充气是把高压空气充入到低压空气中的过程，相当于内部混合。这样的混合是不可逆的，所以也将导致有效能的损失。例如，将绝对压力0.6MPa、体积1L的压缩空气充入绝对压力0.3MPa、体积10L的容器中，将损失相当于充入有效能30%的359J的能量。

以上气动功率损失因素的明确将有助于深入分析和理解气动系统中的能量损失。

7.5.2 气动系统的系统损失

考虑气动系统中的能量转换，可得如图7-6所示的能量流程和空气状态变化。这样的变化用$p-V$线图来表示，如图7-7所示。

气源处的空气压缩及输出可用A→B→C来表示。在这个过程中空气从电动机做功得到的能量为：

$$W_{in} = S_{ABCGA} \tag{7-21}$$

输出的压缩空气供给气缸做功可用D→E→F→G→D来表示，对外做功

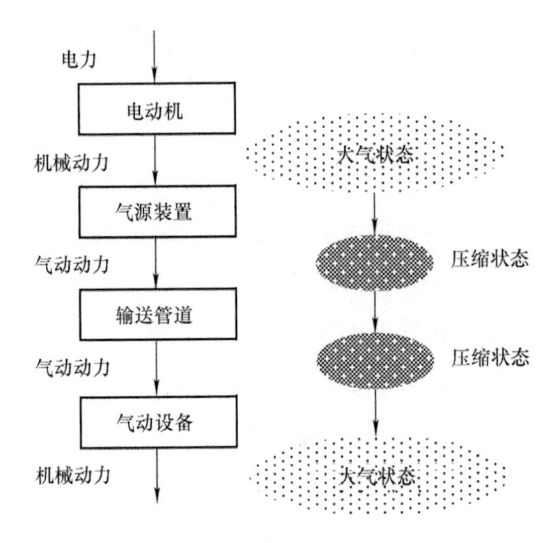

图 7-6　气动系统中的能量流程及空气状态变化

量为:

$$W_{\text{out}} = S_{\text{DEFGD}} \tag{7-22}$$

两者的差就是系统的损失

$$\Delta W = W_{\text{in}} - W_{\text{out}} = S_{\text{ABCDEFA}} \tag{7-23}$$

如图 7-7 所示，气动系统中的状态变化的方向是 A→B→C→D→E→F，与内燃机正好相反，是将机械能转换为热能，热能释放到大气的系统。如要使放

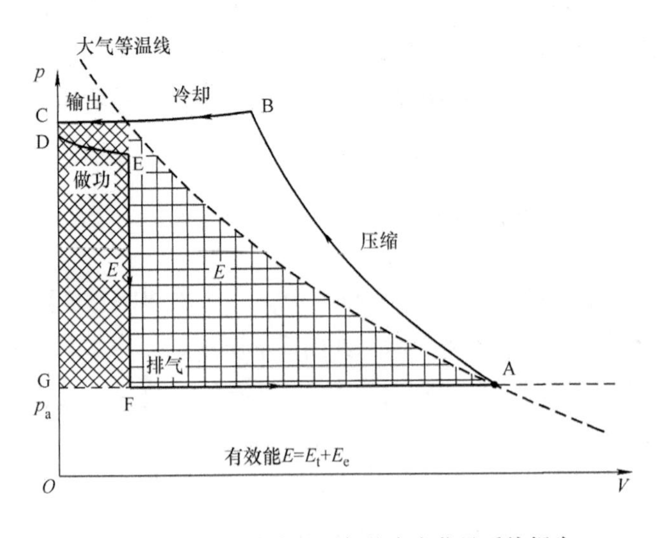

图 7-7　气动系统中的空气状态变化及系统损失

热量，即系统损失为零，则需使状态循环线 A→B→C→D→E→F 围起的面积为零。这样就要使状态变化在图 7-7 所示的虚线，即大气等温线上进行，也就意味着压缩和做功都必须是等温过程。但是，在实际的气动系统中，实现等温压缩是不现实的，而且，还存在节流孔及排气等不可逆因素，很多损失不可避免。

从图 7-7 中还可以看到，空气有效能实际上就是图上两部分阴影面积之和。E_t代表压缩空气流动所伴随的传送能，而 E_e代表压缩空气的膨胀能。

第 8 章 管道内的流动

为了降低气动系统分析的复杂度，通常将气动系统中的各个部件简化为容腔，部件之间用小孔连接，通过容腔与小孔的串并联来描述气动系统。这样简化的前提是忽略部件内部状态参数分布的差异，即，假设内部各点状态参数值相同（取平均值），这种描述气动系统的方法称为集中参数法。

气动系统中，管道将各种元器件连接成一个系统，将压缩空气从压缩机输送到终端用气设备以传递动力。管道布局复杂、延伸距离长，其内部各点的状态参数差异大，本质上有别于一般的气动元器件（电磁阀、气缸、储气罐等），因此，管道内状态参数的分布特性，使气动系统的整体特性变得复杂，特别是对动态特性的影响很大，不能采用集中参数法描述。

本书第 5 章中曾将一段管道等价为具有某一有效截面积的小孔，给出了它的近似流量表示管道中的声速流导和临界压力比的估算方法[10]。但这仅适用于定常流状态，无法适用于气缸驱动系统管道中空气的非定常流动。气缸驱动系统的速度响应、气动伺服系统的时间滞后等动特性与空气在管道中流动的特性密切相关，尤其是细长管道的场合，系统动特性有时基本由管道特性决定。所以，分析气体在管道中的流动特性时，必须采用基于分布参数的动态模型。

分布参数的动态模型最早在液压管道研究中被提出，并基于各种条件和用途，出现了各种各样的液压管道动态模型[16]。由于气体具有压缩性区别于液体，液压管道动态模型中仅有部分公式适用于气动管道，气体的压缩性和流量特性需另外考虑。

本章从气动管道建模的基础出发，详细阐述管道内气体动态流动的所有相关方程式，并介绍其最基本的数值计算方法——有限差分法。有限差分法将管道切分成有限个等分的格子，对这些格子内的空气运用动量方程、连续方程和能量方程，在时间和空间坐标上计算各个格子内的气体状态[10]。现在，市场上某些气动元件选型软件使用的就是该方法。最后，为易于理解，本章举例详细说明数值计算用的差分方程式和数值计算的步骤。

主要符号：

A：管道的截面积［m^2］

c_V：空气的比等容热容 = 718［J/(kg · K)］

D：管道的内径［m］

e：单位质量气体的内能［J/kg］

h：空气与管壁间的传热系数［W/(m^2 · K)］

p：空气的压力［Pa］

q：单位长度管道内空气与外界的热交换量［J/m］

Re：雷诺数

t：时间［s］

R：气体常数 = 287［J/(kg · K)］

Δt：时间步长［s］

u：空气的流速［m/s］

x：流动方向的坐标［m］

Δx：等分格子的长度［m］

ρ：空气的密度［kg/m^3］

θ：空气的热力学温度［K］

θ_a：大气温度［K］

λ：管路内壁的摩擦因数

i：等分格子的编号

j：时间步数

8.1 分布参数的动态模型

假定管道内的气体流动为一维流动，应用第 3 ~ 4 章的基本方程，得到一维可压缩非定常流控制方程：

1）状态方程：

$$p = \rho R \theta \tag{8-1}$$

该式表达管道内气体的压力、密度及热力学温度之间的关系。

2）动量方程：

$$\frac{\partial u}{\partial t}+u\frac{\partial u}{\partial x}=-\frac{1}{\rho}\frac{\partial p}{\partial x}-\frac{\lambda}{2D}u^2 \tag{8-2}$$

3）连续方程式：

$$\frac{\partial \rho}{\partial t}+\rho\frac{\partial u}{\partial x}+u\frac{\partial \rho}{\partial x}=0 \tag{8-3}$$

4）能量方程式：

$$\frac{\partial}{\partial t}\left[\rho A\left(e+\frac{u^2}{2}\right)\right]+\frac{\partial}{\partial x}\left[\rho u A\left(e+\frac{u^2}{2}+\frac{p}{\rho}\right)\right]=q \tag{8-4}$$

对格子中的气体微团而言，单位时间内该微团所吸收的总热量 q 等于该微团所存储的总能量的变化量与压力对外做功之和。其中：

$$q=h\pi D(\theta_a-\theta) \tag{8-5}$$

q 为单位长度管道内气体与管壁之间的热交换量，h 为传热系数。

$$e=c_V\theta \tag{8-6}$$

e 为单位质量气体的内能大小。另外，式（8-4）中 $\frac{\partial}{\partial t}\left[\rho A\left(e+\frac{u^2}{2}\right)\right]$ 表示的是气体微团在 dt 时间内所持内能及动能的变化量；$\frac{\partial}{\partial x}\left[\rho u A\left(e+\frac{u^2}{2}\right)\right]$ 表示的是在流动方向上进出气体微团的气体内能及动能；$\frac{\partial}{\partial x}\left[\rho u A\left(\frac{p}{\rho}\right)\right]$ 表示的是作用在气体微团上的压力所做的功。

将式（8-5）和式（8-6）代入式（8-4）中，并利用式（8-1）~式(8-3）整理可得：

$$\frac{\partial \theta}{\partial t}=-\frac{4h(\theta-\theta_a)}{\rho c_V D}-u\frac{\partial \theta}{\partial x}-\frac{R\theta}{c_V}\frac{\partial u}{\partial x}+\frac{1}{c_V}\frac{\lambda|u|u^2}{2D} \tag{8-7}$$

摩擦因数 λ 通常遵循流体力学理论，基于雷诺数 Re 运用经验公式来表达。以下的 Blasius[17] 表示式使用最为广泛。

$$\lambda=0.3164Re^{-0.25} \tag{8-8}$$

传热系数 h 用如下公式计算。

$$h=2Nuk/D \tag{8-9}$$

这里，努塞尔系数 Nu 可用下面的雷诺数 Re 和普朗特数 Pr 的函数来求解。

$$Nu=0.023Re^{0.8}Pr^{0.4} \tag{8-10}$$

通常，普朗特数 Pr 采用定值 0.72。空气的热导率 k 可由温度按下式计算。

$$k = 7.95 \times 10^{-5}\theta + 2.0465 \times 10^{-3} \tag{8-11}$$

由式（8-2）~式（8-4）可以求出管道内气流沿流动方向在任意点、任意时刻的三个状态变量：流速、密度及温度，再用式（8-1）即可进一步确定其气体压力。可以看出该模型考虑了气体的压缩性及气体与管壁之间的热交换，是一个普遍适用的精确的一维管道气体流动模型。

8.2　方程的离散化

上述四个偏微分方程构成的方程组具有强非线性，目前为止还没有找到解析解。离散化就是采用一组代数方程来近似偏微分方程。对代数方程求解可以得到流场变量在离散网格点上的值（网格点之间不连续），理论上，当网格点之间的距离趋近于零时，数值解可以逼近解析解。如果这个代数方程以差分的形式出现，则这种离散化方法就是有限差分法。CFD 中常用的离散化方法包括：有限差分、有限体积和有限元。有限体积和有限元方法多年来在计算力学中有着广泛应用，但本书篇幅有限，不去讨论这两种方法。

8.2.1　差分格式

用泰勒级数展开可以推导出导数的有限差分的一般形式。例如，在图 8-1 中，如果用 $u_{i,j}$表示在（i，j）点的值，则（$i+1$，j）点的速度分量 $u_{i+1,j}$可以用（i，j）点的泰勒级数展开表示

$$u_{i+1,j} = u_{i,j} + \left(\frac{\partial u}{\partial x}\right)_{i,j}\Delta x + \left(\frac{\partial^2 u}{\partial x^2}\right)_{i,j}\frac{\Delta x^2}{2} + \left(\frac{\partial^3 u}{\partial x^3}\right)_{i,j}\frac{\Delta x^3}{6}\cdots \tag{8-12}$$

从上式可以解算速度梯度$(\partial u/\partial x)_{i,j}$：

$$\left(\frac{\partial u}{\partial x}\right)_{i,j} = \underbrace{\frac{u_{i+1,j} - u_{i,j}}{\Delta x}}_{\text{差分表达式}} \underbrace{- \left(\frac{\partial^2 u}{\partial x^2}\right)_{i,j}\frac{\Delta x}{2} - \left(\frac{\partial^3 u}{\partial x^3}\right)_{i,j}\frac{\Delta x^2}{6}\cdots}_{\text{截断误差}} \tag{8-13}$$

上式左边是偏导数在（i，j）点的准确值，右边第一项就是偏导数的有限差分表达式，右边的其余项构成了截断误差[18]。如果用上述代数差分作为偏导数的近似，则有：

$$\left(\frac{\partial u}{\partial x}\right)_{i,j} \approx \frac{u_{i+1,j} - u_{i,j}}{\Delta x} \tag{8-14}$$

那么式（8-13）中的截断误差就表示了这一近似忽略了哪些东西。截断误差的最低阶项是 Δx 的一次方项，所以称有限差分表达式（8-14）具有一阶精度。可以写成：

$$\left(\frac{\partial u}{\partial x}\right)_{i,j}=\frac{u_{i+1,j}-u_{i,j}}{\Delta x}+O(\Delta x) \tag{8-15}$$

注意：式（8-15）中有限差分表达式只用到（i，j）点右边的信息（$u_{i+1,j}$），而左边的信息（$u_{i-1,j}$）并没有用到，这样的有限差分称为向前差分。

$u_{i,j}$在 $u_{i,j}$处的泰勒级数展开解出（$\partial u/\partial x$）$_{i,j}$得到：

$$\left(\frac{\partial u}{\partial x}\right)_{i,j}=\frac{u_{i,j}-u_{i-1,j}}{\Delta x}+O(\Delta x) \tag{8-16}$$

式（8-16）中的有限差分表达式只用到（i，j）点左边的信息（$u_{i-1,j}$），而右边的信息（$u_{i+1,j}$）并没有用到，这样的有限差分称为向后差分。

CFD 很多应用一阶精度是不够的。为构造具有二阶精度的有限差分，直接从式（8-3）中减去式（8-16），得

$$u_{i+1,j}-u_{i,j}=2\left(\frac{\partial u}{\partial x}\right)_{i,j}\Delta x+2\left(\frac{\partial^3 u}{\partial x^3}\right)_{i,j}\frac{\Delta x^3}{6}\cdots \tag{8-17}$$

解算速度梯度（$\partial u/\partial x$）$_{i,j}$如下，

$$\left(\frac{\partial u}{\partial x}\right)_{i,j}=\frac{u_{i+1,j}-u_{i-1,j}}{2\Delta x}+O(\Delta x)^2 \tag{8-18}$$

式中的有限差分表达式的信息来自（i，j）点左右两边，即 $u_{i-1,j}$和 $u_{i+1,j}$。网格点（i，j）落在它们中间。同时，截断误差的最低阶项是（Δx）^{2}项，即具有二阶精度，所以，式（8-18）中的有限差分称为二阶中心差分。

8.2.2 差分方程

根据上述偏微分方程类型的定义，本章讨论的管道内的流动控制方程组（一维非定常可压缩无黏）是双曲型方程。因此，用迎风差分格式（Up－wind Scheme）进行离散化，如图 8-1 所示。

1）状态方程：

$$p_{i,j+1}=\rho_{i,j+1}R\theta_{i,j+1} \tag{8-19}$$

2）动量方程：

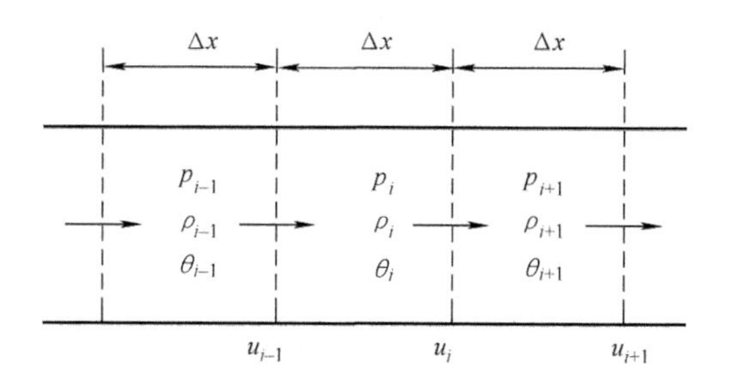

图 8-1　管道的等分及其离散化

$$u_{i,j+1}=u_{i,j}-\frac{\Delta t}{\Delta x}u_{\mathrm{conv}}-\frac{1}{\hat{\rho}_{i,j}}\frac{\Delta t}{\Delta x}(p_{i+1,j}-p_{i,j})-\frac{\lambda\Delta t}{2D}|u_{i,j}|u_{i,j} \tag{8-20}$$

式中，D 为管道内径；对流项 $u\partial u$ 由 u_{conv}表示：

$$u_{\mathrm{conv}}=\frac{u_{i,j}+|u_{i,j}|}{2}(u_{i,j}-u_{i-1,j})+\frac{u_{i,j}-|u_{i,j}|}{2}(u_{i+1,j}-u_{i,j}) \tag{8-21}$$

这里，$\hat{\rho}$ 的计算是取欲求速度的两侧格子的 ρ 值的平均值。例如，求取 $u_{i,j+1}$时：

$$\hat{\rho}_{i,j}=(\rho_{i,j}+\rho_{i+1,j})/2 \tag{8-22}$$

此时雷诺数为：

$$Re=\frac{\hat{\rho}_{i,j}|u_{i,j}|D}{\mu} \tag{8-23}$$

其中动力黏度 μ 为温度 θ 的函数：

$$\mu=4.8\times10^{-8}\times(\theta-273.15)+1.71\times10^{-5} \tag{8-24}$$

图 8-2 表示的是运用式（8-20）计算 $u_{2,j}$（时刻 j 的第 2 个格子至第 3 个格子的速度 u_2）时需要使用的所有状态变量。即当前时刻的速度由前一时刻的相关状态变量算出。

3）连续方程式：

$$\rho_{i,j+1}=\rho_{i,j}-\frac{\Delta t}{\Delta x}\rho_{i,j}(u_{i,j}-u_{i-1,j})-\frac{\Delta t}{\Delta x}\rho_{\mathrm{conv}} \tag{8-25}$$

其中，对流项 $u\partial\rho$ 由 ρ_{conv}表示：

$$\rho_{\mathrm{conv}}=\frac{\hat{u}_{i,j}+|\hat{u}_{i,j}|}{2}(\rho_{i,j}-\rho_{i-1,j})+\frac{\hat{u}_{i,j}-|\hat{u}_{i,j}|}{2}(\rho_{i+1,j}-\rho_{i,j}) \tag{8-26}$$

这里，$\hat{u}$ 的计算是取欲求密度两侧的 u 值的平均值。例如，求取 $\rho_{i,j+1}$时：

$$\hat{u}_{i,j}=(u_{i-1,j}+u_{i,j})/2 \tag{8-27}$$

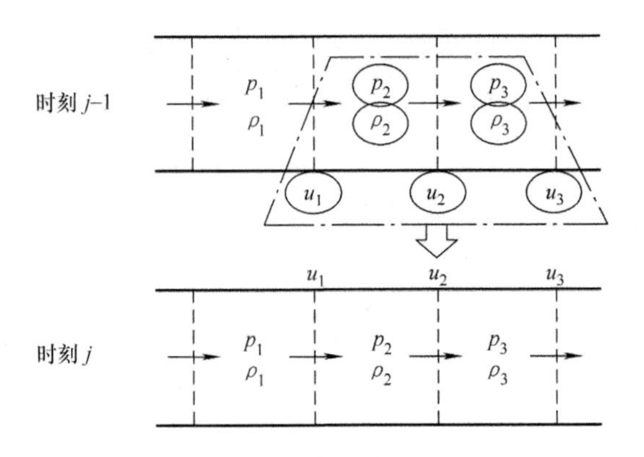

图 8-2 速度 $u_{2,j}$的计算

图 8-3 表示的是运用式（8-25）计算 $\rho_{2,j}$（时刻 j 的第 2 个格子内的空气密度 ρ_2）时需要使用的所有状态变量。

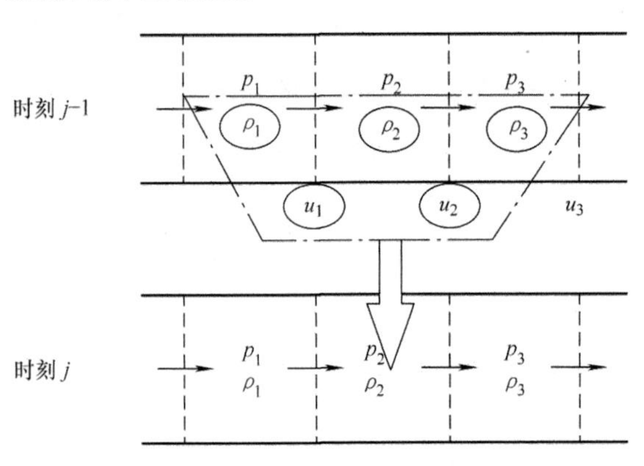

图 8-3 密度 $\rho_{2,j}$的计算

4）能量方程：

$$\theta_{i,j+1} = \theta_{i,j} - \Delta t \frac{4h(\theta_{i,j} - \theta_{\mathrm{a}})}{\rho_{i,j} c_V D} - \frac{\Delta t}{\Delta x}\theta_{\mathrm{conv}} - \frac{\Delta t}{\Delta x}\frac{R\theta_{i,j}}{c_V}(u_{i+1,j} - u_{i,j}) + \frac{\lambda \Delta t}{2c_V D}|\hat{u}_{i,j}|\hat{u}_{i,j}^2 \tag{8-28}$$

其中，对流项 $u\partial\theta$ 由 θ_{conv}表示：

$$\theta_{\mathrm{conv}} = \frac{\hat{u}_{i,j} + |\hat{u}_{i,j}|}{2}(\theta_{i,j} - \theta_{i-1,j}) + \frac{\hat{u}_{i,j} - |\hat{u}_{i,j}|}{2}(\theta_{i+1,j} - \theta_{i,j}) \tag{8-29}$$

与速度和密度相同，图 8-4 表示的是运用式（8-28）计算 $\theta_{2,j}$（时刻 j 的第

2 个格子内的空气温度 θ_2）时需要使用的所有状态变量。

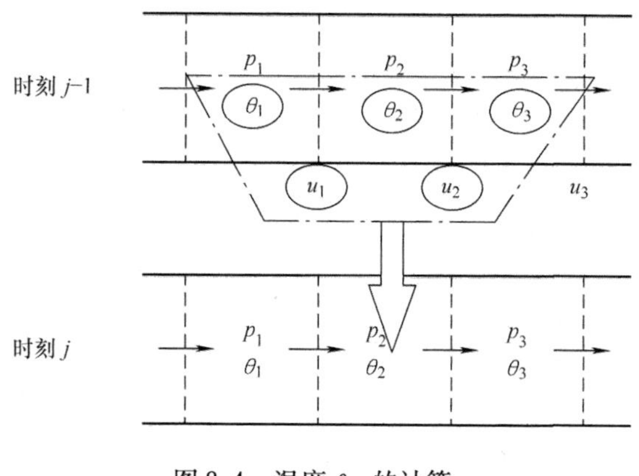

图 8-4　温度 $\theta_{2,j}$的计算

8.3　数值计算例及其步骤

8.3.1　数值计算例

为使上述差分方程式易于理解，现对其数值计算方法和步骤举例说明。计算对象如图 8-5 所示，管道长度为 20m，等分为 20 份，管道内径为 4mm，大气温度为 293K。管道左端封闭，管道内部充填压力为 200kPa，右端装有电磁阀，电磁阀右端为标准状况下的大气。这里，时间步长设为 10ms，取上游压力为 p_1，下游压力为 p_2，右端电磁阀的声速流导为 $C=0.2\text{dm}^3/(\text{s}.0.1\text{MPa})$。

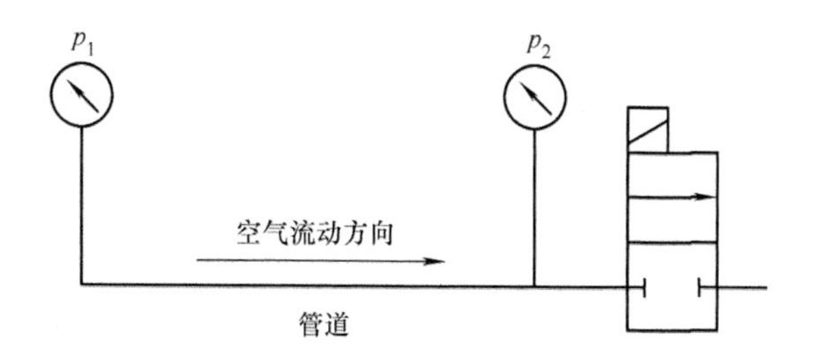

图 8-5　管道内气体流动的数值计算例

由式（8-20）、式（8-25）和式（8-28）可知，为计算下一时刻某一格子的状态变量，须知道该时刻对应格子及其前后一个格子的各状态变量。因此，

为计算第 1 个和第 20 个格子内的状态变量，还必须设出虚拟的格子 0 和格子 21。而对这两个特殊的格子，无法应用差分方程式。这两个特殊的格子的状态变量的确定就是数值计算边界条件的设定。

在图 8-5 的计算例中，第 0 个格子的速度 u_0 可始终设为 0，压力可始终设为与第 1 个格子相同，温度可始终设为大气温度；第 21 号格子的速度 u_{21} 可由通过电磁阀的质量流量公式算得[19]。质量流量与流速存在如下关系：

$$q_m = \rho A u \tag{8-30}$$

用式（8-30）可求出第 21 号格子的速度 u_{21}。压力和温度各设为大气压力和大气温度。

设定了以上的边界条件后，就可运用差分方程式进行数值计算。

8.3.2 数值计算流程图

遵循图 8-6 所示的数值计算流程图，可计算空间、时间上分布的各状态变量，即气体流速、密度、温度和压力。注意，由于当前时刻的状态变量都是由上一时刻的状态变量计算得到的，所以在空间上不存在固定的计算顺序。可以沿流动方向计算，也可以沿逆流方向计算。

8.3.3 数值计算结果

图 8-7 表示的管道两端，即上游（第 1 个格子）和下流（第 20 个格子）的状态变量：压力、速度、密度和温度的时间变化的数值计算结果。图中上流状态变量用下标 1，下流用下标 2 表示。通过分析这些结果，可以了解管道内气体流动的一些基本特性。

1. 压力变化

电磁阀打开前，管道中第 1 至 20 个格子的绝对压力为 2×10^5 Pa。打开电磁阀后，管道右端开口第 21 个格子的压力为大气压，因此管道中气体会向右端逐渐流出，管道内的气体压力也就逐步降低，直至与管道右端的大气压力相等为止。由于管道有一定长度，因此左端的格子气压不会立即下降，而是滞后于右端的格子。这个滞后时间由管道内声速和管道长度决定。

2. 流速变化

电磁阀打开后，第 20 号格子与其右端存在较大压差，至使气体有一个较大

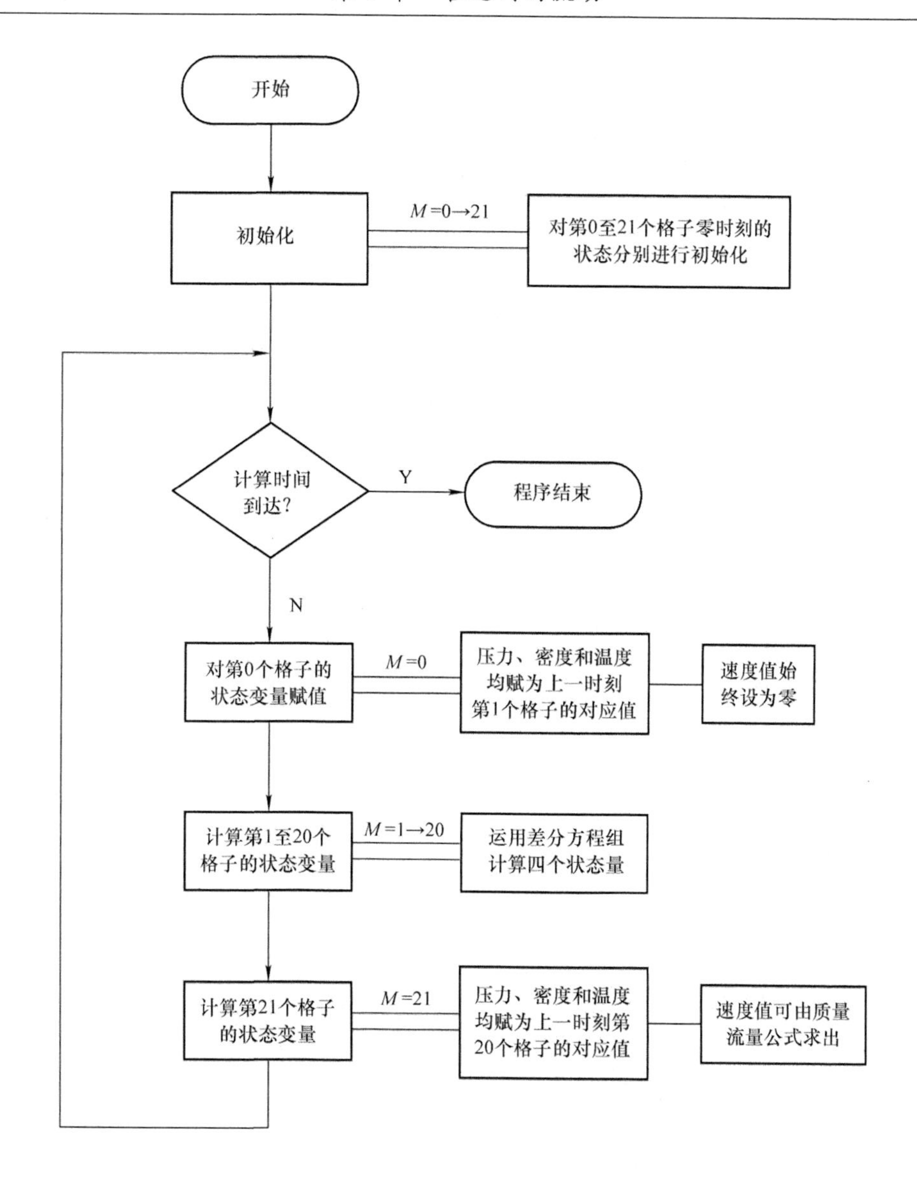

图 8-6　数值计算流程图

的加速度。图 8-7 中实线所代表的是由第 19 个格子流向第 20 个格子的流速。经过了一段时间后，由于左右压差的逐步降低，该流速会逐步减小，直至管内外压力相等，流速也随之减为零。管道中左端的第 1 个与第 2 个格子之间压力差较小，由此而产生的加速度和流速也就小。如图 8-7 所示，点画线表示第 1 个格子的流速在减为零之前始终维持在较小的值。

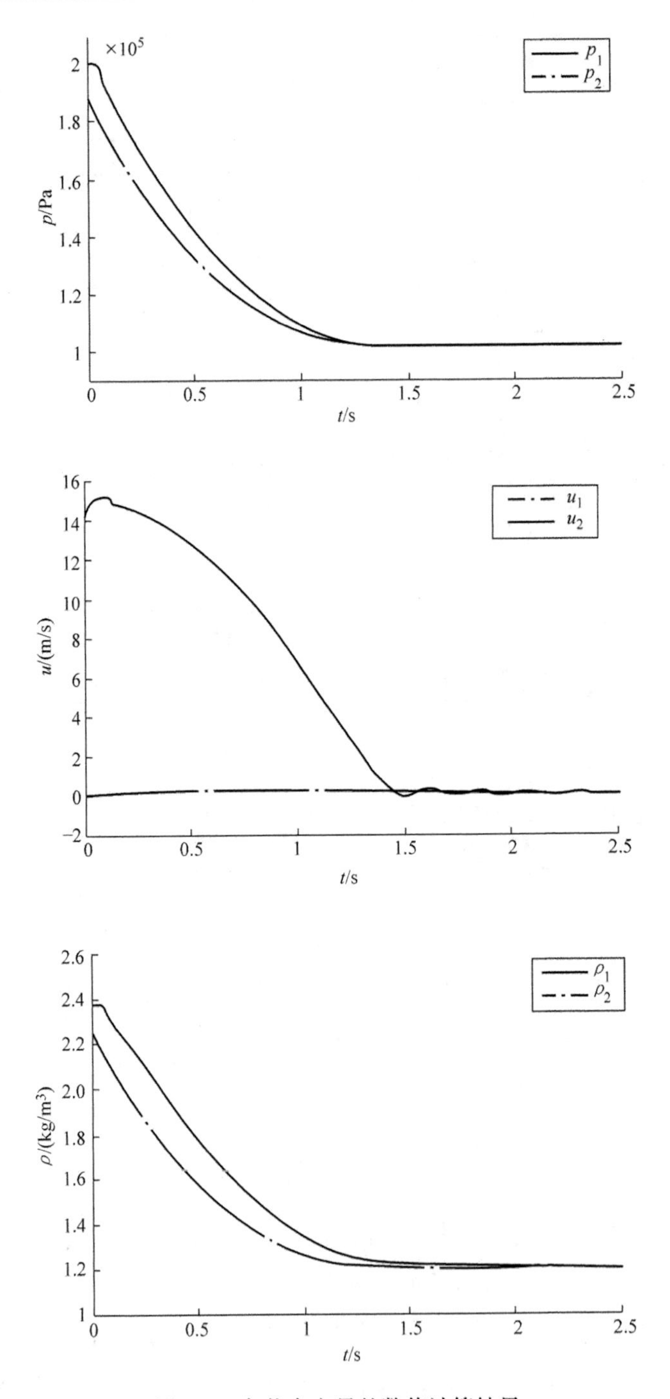

图 8-7　各状态变量的数值计算结果

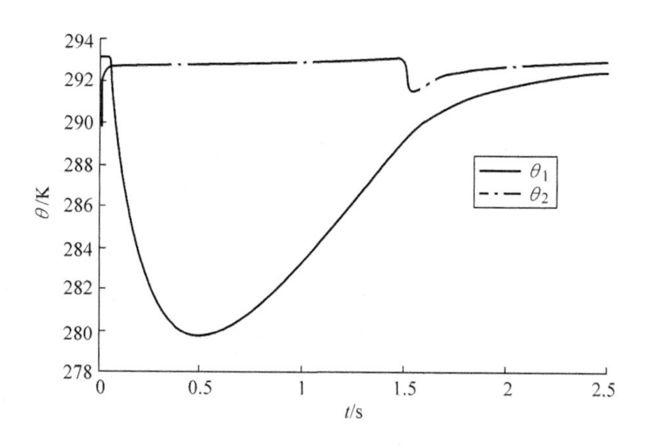

图 8-7　各状态变量的数值计算结果（续）

3. 密度变化

电磁阀打开后，气体逐步向外流出，管内的气体密度自然随之逐步下降，直至与管外大气的密度相等为止。同样由于滞后原因，第 1 个格子的密度下降的时刻晚于第 20 个格子的时刻。

4. 温度变化

对于第 1 个格子，如图 8-7 中实线所示，由于格子内的气体不断向外流出，相当于气体向外膨胀做功的过程，而这个过程会导致气体内能下降，温度随之下降。而在气压下降到与管外压力相近时，气体不再膨胀，停止向外做功，此时由于管内温度低于管外温度，因此管内气体从管外吸热的作用占到主导地位，气体温度随之迅速上升，并最终趋向于与外界气温相等的状态。对于第 20 个格子，由于其气体有进有出，因而温度仅存在小幅变动。

本章介绍了管道内气体流动的基础数学模型和基本数值计算方法，可适用于任何场合任何条件的仿真，适用范围广。但由于模型复杂，计算量大，在实际应用中针对具体使用条件可进行模型简化，最典型的如压力缓慢变动时可假设内部气体为等温变化以略去能量方程式。另外，在数值计算方法中，特征曲线法是一种快速高精度的方法[19]，在气动管道仿真中也得到了广泛应用。

第 9 章　气缸驱动系统的特性

气缸驱动系统由于系统构成简单、易于获得稳定速度、元器件价格低廉且维护容易等特点在工业自动化领域得到广泛应用。与电动机相比，气缸更擅长作往复直线运动，尤其适于工业自动化中最多的直线搬运。而且，仅仅调节安装在气缸两侧的单向节流阀就可简单地实现稳定的速度控制，也成为气缸驱动系统最大的特征和优势。现在，气缸已成为工业生产领域中点对点（PTP，Point To Point）搬运的主流执行器。这几十年气动技术的快速发展甚至也可以说在很大程度上得益于气缸的迅速普及。

本章以气缸的运动特性为中心说明其速度控制回路和机理，尤其以在绝大多数场合被采用的排气节流回路为对象，介绍其基础方程式、速度收敛的内在机理，特别是对气缸选型中最为重要的全行程时间有较大影响的无因次参数进行详细说明。最后，介绍气缸运动过程中的压缩空气有效能的分配情况。

9.1　速度控制回路

气缸的速度控制是通过单向节流阀实现的。单向节流阀通常由一个开度可调的针阀和一个单向阀并联而成。根据节流是在进气还是排气上，速度控制回路分为进气节流回路和排气节流回路两种。两种回路的构成如图 9-1 和图9-2 所示。

进气节流回路是通过调节气缸的进气流量来控制气缸活塞杆速度的方式，与调节气缸排气流量的排气节流回路相比，在相同供气压力、驱动相同负载的条件下具有所需气缸尺寸更小、空气消耗量更少的优点。尽管如此，但现实是进气节流回路在工业现场并没有被广泛采用，而主流回路却是排气节流回路[20]。各气动元器件生产厂家在产品样本等资料上也会推荐“除特别场合，请使用排气节流回路”。之所以这样做的主要原因在于，排气节流回路具有更佳的速度可调性和速度稳定性。这里的速度可调性是指活塞杆速度与节流阀的开度成正比，速度易于通过节流阀调节设定；速度稳定性是指即使负载变动，活塞杆速度也不受负载影响，始终收敛于一个定值的特性。

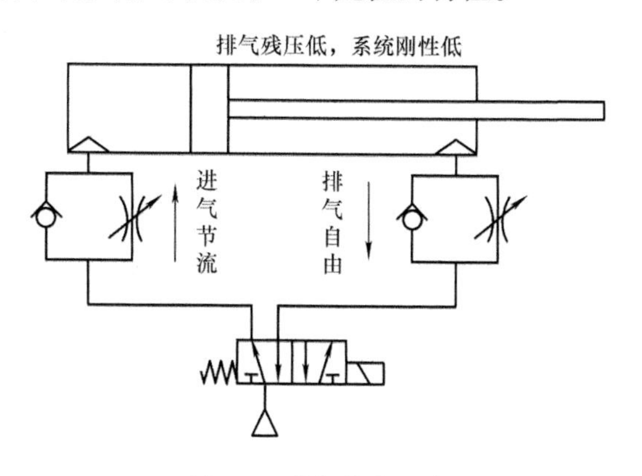

图 9-1　进气节流回路

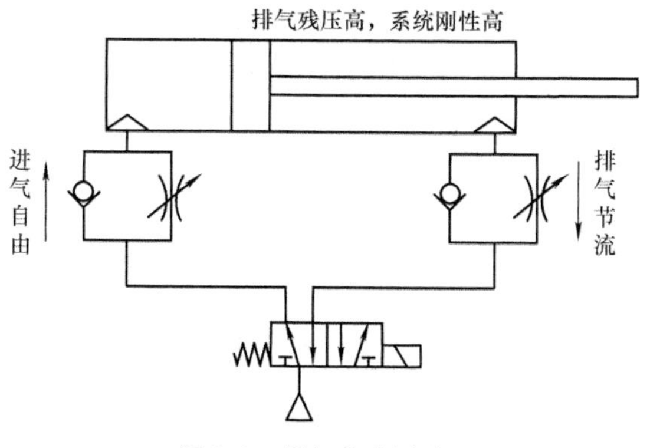

图 9-2　排气节流回路

此外，相对于进气节流回路，排气节流回路还有如下两个优点。

1）活塞杆开始运动前排气侧存在背压，起动加速度小，不会出现进气节流回路中常见的活塞杆起动时的冲出现象。

2）活塞杆运动过程中排气侧始终保持一个定压，有利于让行程终端的缓冲机构充分发挥作用。

9.2　排气节流回路

关于前面提到的速度可调性和速度稳定性，可运用基础方程式来进行理论分析。

9.2.1 基础方程式

气缸的驱动回路用图 9-3 表示。此时气缸活塞杆的运动特性可用如下微分方程式来描述[1-3]。

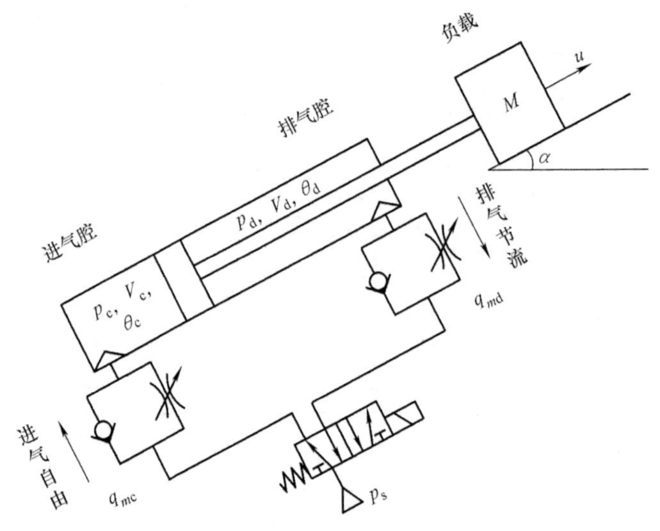

图 9-3 带负载驱动的排气节流回路

1. 状态方程式

对气缸进气腔和排气腔内的空气状态方程式分别进行微分可得：

$$V_c \frac{dp_c}{dt} = -S_c p_c u + R\theta_c q_{mc} + \frac{p_c V_c}{\theta_c}\frac{d\theta_c}{dt} \tag{9-1}$$

$$V_d \frac{dp_d}{dt} = S_d p_d u + R\theta_d q_{md} + \frac{p_d V_d}{\theta_d}\frac{d\theta_d}{dt} \tag{9-2}$$

式中，S 是活塞的受压面积；θ_a是大气温度；下标 c 和 d 分别表示进气腔和排气腔。

2. 能量方程式

按空气与气缸内壁的传热系数保持一定，基于能量守恒定律，可得如下温度变化微分方程式：

$$\frac{c_V p_c V_c}{R\theta_c}\frac{d\theta_c}{dt} = c_V q_{mu}(\theta_a - \theta_c) + R\theta_a q_{mc} - S_c p_c u + h_c S_{hc}(\theta_a - \theta_c) \tag{9-3}$$

$$\frac{c_V p_d V_d}{R\theta_d}\frac{d\theta_d}{dt} = R\theta_d q_{md} + S_d p_d u + h_d S_{hd}(\theta_a - \theta_d) \tag{9-4}$$

式中，c_V是空气的比等容热容；h 是传热系数；S_h是空气与气缸内壁的传热面积。

3. 运动方程式

活塞及活塞杆的摩擦力大致可用下式表示：

$$F_f = \begin{cases} F_s & u = 0 \\ F_c + Cu & u \neq 0 \end{cases} \tag{9-5}$$

由此，活塞杆的运动方程式变为：

$$M\frac{\mathrm{d}u}{\mathrm{d}t} = S_c p_c - S_d p_d - p_a(S_c - S_d) - F_f - Mg\sin\alpha \tag{9-6}$$

式中，p_a是大气压的绝对压力。

4. 流量式

参照第 5 章中已阐述的流量公式，自由流动的进气流量与节流流动的排气流量可用下式表述[21]：

$$q_{mc} = C_c p_s \rho_0 \sqrt{\frac{\theta_0}{\theta_a}}\phi(p_s, p_c) \tag{9-7}$$

$$q_{md} = -C_d p_d \rho_0 \sqrt{\frac{\theta_0}{\theta_d}}\phi(p_d, p_a) \tag{9-8}$$

$$\phi = \begin{cases} 1 & \dfrac{p_2}{p_1} \leqslant b \\ \sqrt{1 - \left(\dfrac{\dfrac{p_2}{p_1} - b}{1 - b}\right)^2} & \dfrac{p_2}{p_1} > b \end{cases} \tag{9-9}$$

式中，C 和 b 分别是各自流路的声速流导和临界压力比[23]；ρ_0和 θ_0分别是标准状态下的空气密度（$\rho_0 = 1.185\mathrm{kg/m^3}$）和空气温度（$\theta_0 = 293.15\mathrm{K}$）[24]。

将式（9-1）至式（9-9）联立，就构成了气缸驱动系统的数学模型。求解该模型，即可算出气缸两侧容腔内空气的压力与温度、活塞杆的位移与速度。

9.2.2　气缸速度的收敛特性

如图 9-3 所示，活塞杆运动时，排气腔内空气受到活塞的压缩，其温度上升。为了分析的方便，假设空气保持温度不变。将气缸排气腔内空气的状态变化设为等温变化后，联立式（9-2）和式（9-8）可得：

$$V_{\mathrm{d}}\frac{dp_{\mathrm{d}}}{\mathrm{d}t}=p_{\mathrm{d}}\left[S_{\mathrm{d}}u-R\theta_{\mathrm{d}}C_{\mathrm{d}}\rho_0\sqrt{\frac{\theta_0}{\theta_{\mathrm{d}}}}\phi(p_{\mathrm{d}},p_{\mathrm{a}})\right] \tag{9-10}$$

$$=p_{\mathrm{d}}S_{\mathrm{d}}(u-u_0)$$

式中，u_0是活塞杆速度的收敛值。

$$u_0=\frac{1}{S_{\mathrm{d}}}R\theta_{\mathrm{a}}C_{\mathrm{d}}\rho_0\sqrt{\frac{\theta_0}{\theta_{\mathrm{a}}}}\phi(p_{\mathrm{d}},p_{\mathrm{a}}) \tag{9-11}$$

根据式（9-10），活塞杆速度如比速度收敛值高，排气腔压力上升，活塞杆减速；相反，活塞杆速度如比速度收敛值低，排气腔压力下降，活塞杆加速。这样，活塞杆速度会逐渐向收敛值接近，并达到平衡状态使排气腔压力不变。由此可见，活塞杆速度的控制实际是通过一个带负反馈的机构来实现的。

注意：u_0是变量，随着排气腔压力的上升而增加，根据式（9-11），当压力比达到 0.528 时，排气达到声速流，所以速度收敛值可简化为：

$$u_0=\frac{1}{S_{\mathrm{d}}}R\theta_{\mathrm{a}}C_{\mathrm{d}}\rho_0\sqrt{\frac{\theta_0}{\theta_{\mathrm{a}}}} \tag{9-12}$$

由上式可知，速度收敛值与排气侧节流阀开度的声速流导 C_{d}成正比。节流阀开度越大，速度收敛值也越大。调节节流阀开度可以同比例地调节活塞杆收敛速度。这是速度可调性的理论基础。

9.2.3 无因次参数与无因次响应

如对前述的方程式（9-1）~式（9-9）进行无因次化，可得气缸排气节流回路的无因次数学模型。因无因次模型公式繁杂，本书省略，详细请参照文献[21,25]。

无因次化后得到的无因次参数及其对气缸响应的影响见表 9-1。

传统上，作为无因次惯性系数使用的 J 参数实际上是与表 9-1 中所列的无因次固有周期 $T_f{}^*$ 相关的参数。

$$J=\frac{S_{\mathrm{d}}p_{\mathrm{s}}L}{Mu_0{}^2}=\left(2\pi\frac{T_{\mathrm{p}}}{T_{\mathrm{f}}}\right)^2=\left(\frac{2\pi}{T_{\mathrm{f}}^*}\right)^2 \tag{9-13}$$

另外，传统上作为无因次负载系数的 G 参数实际上是相当于表 9-1 中所列的无因次负载 F^* 的参数。

$$
\begin{aligned}
G &= \frac{Mg\sin\alpha}{S_d p_s} \\
&= F^* - \frac{F_c - p_a(S_d - S_u)}{S_d p_s}
\end{aligned}
\tag{9-14}
$$

表 9-1　无因次参数及其对气缸响应的影响

无因次参数	定义	说明	无因次速度的响应
固有周期 T_f^*	$F_f^* = T_f/T_p$ 固有周期 $T_f = \frac{1}{2\pi}\sqrt{\frac{ML}{S_d p_s}}$ 基准时间 $T_p = L/u_0$	与速度的振动周期相对应	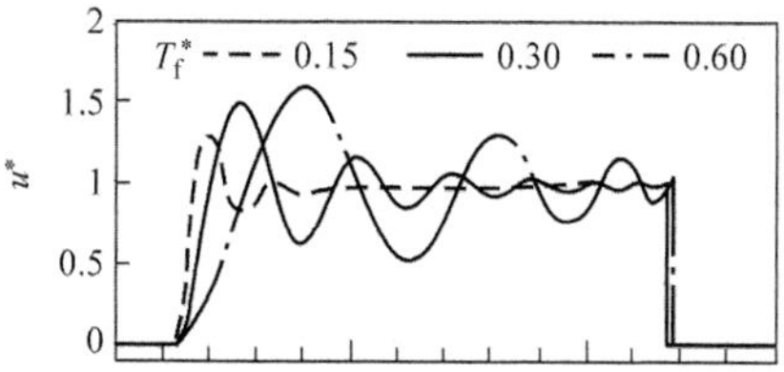
负载 F^*	$F^* = \frac{Mg\sin\alpha + F_c - p_a(S_d - S_c)}{S_d p_s}$	决定起动滞后时间的长短	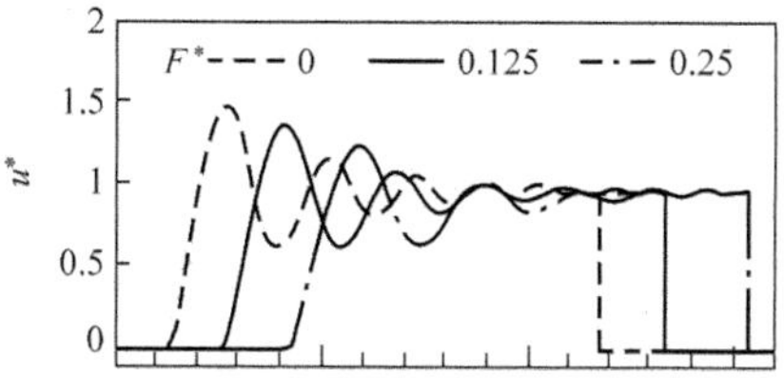
黏性系数 C^*	$C^* = \frac{Cu_0}{S_d p_s}$	决定速度响应的衰减程度	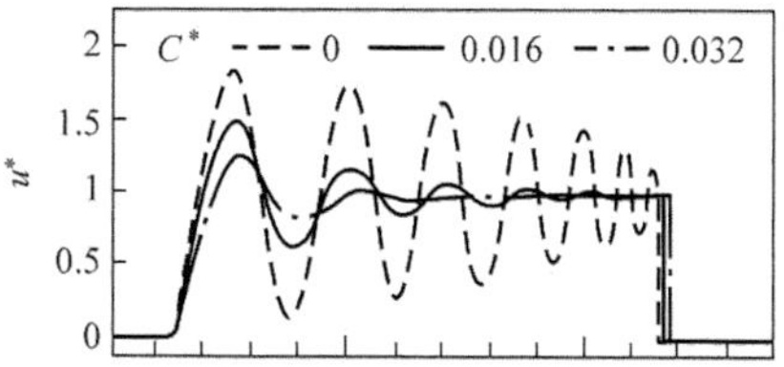
摩擦力 F_s^*	$F_s^* = \frac{F_s - F_c}{S_d p_s}$	影响活塞杆的冲出	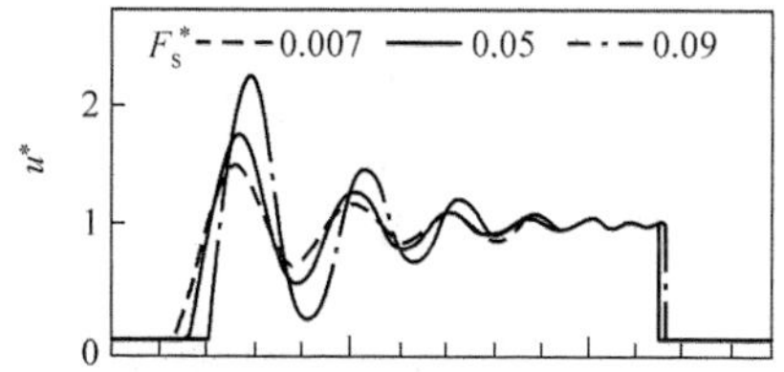
热平衡时间常数 T_h^*	$T_h^* = \frac{c_V p_s S_d L}{S_h hR\theta_a}/T_p$	空气的传热对速度响应多少有些影响	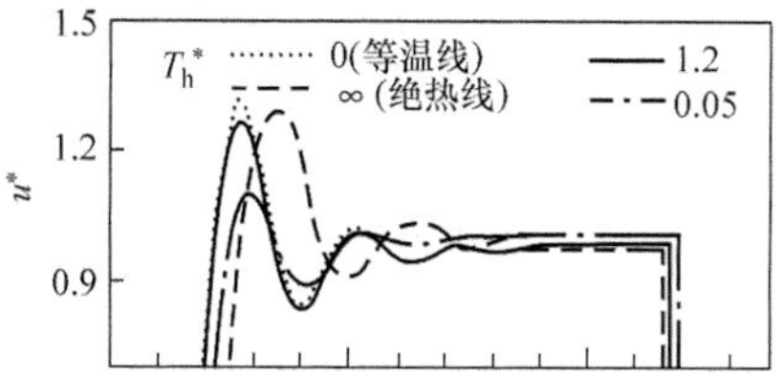

（续）

无因次参数	定义	说明	无因次速度的响应
进气流路的有效截面积 $S_{ec}{}^*$	$S_{ec}{}^* = S_{ec}/S_{ed}$	对速度衰减有影响	S_{ec}^* 1 2.5 5
进气侧活塞的受压面积 S_c^*	$S_c^* = S_c/S_d$	与 F^* 相同决定起动滞后时间的长短	S_c^* 0 0.84 1.68

注：C—活塞黏性摩擦系数，c_V—比等容热容，F_c—库仑摩擦力，F_s—最大静止摩擦力，h_d—传热系数，L—气缸全行程，M—负载质量，p_a—大气压，p_s—供气压力，R—气体常数，S_c—进气侧活塞受压面积，S_d—排气侧活塞受压面积，S_h—传热面积，S_{ec}—进气侧流路的有效截面积，S_{ed}—排气侧流路的有效截面积，u_0—收敛速度，α—气缸安装角，θ_a—大气温度。

在进行气缸选型的时候，全行程时间是最为重要的量。各个无因次参数对全行程时间的影响如图 9-4 所示。由此图可见，无因次负载和无因次活塞受压面积的影响最大。由于无因次活塞受压面积的变动范围很小，所以仅根据无因次负载，基本可以把握全行程时间。而惯性、黏性和传热等基本可以忽略不计。

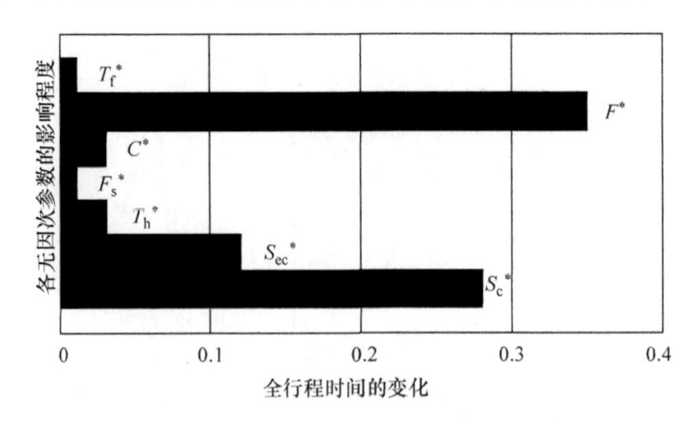

图 9-4　各个无因次参数对全行程时间的影响

9.2.4　能量分配

由以上数学模型可以求解气缸的运动特性，因而也就可以求解供给气缸的压缩空气有效能[24]在气缸运动过程中是如何分配的。图 9-5 是在某一工作条件下的排气节流回路的计算结果[25]。

如图 9-5 所示，加速、内部摩擦、传热所需的有效能相对很小，而推动负载、速度控制、排气损失占据了消耗能量的绝大部分，其中，对负载的做功和用于速度控制的有效能占了约 60%，没有被利用而直接扔掉的有效能约占 30%。由此可以看出，气缸最大特征的易于调速性实际上并非没有代价，而是需要消耗大量的能量。

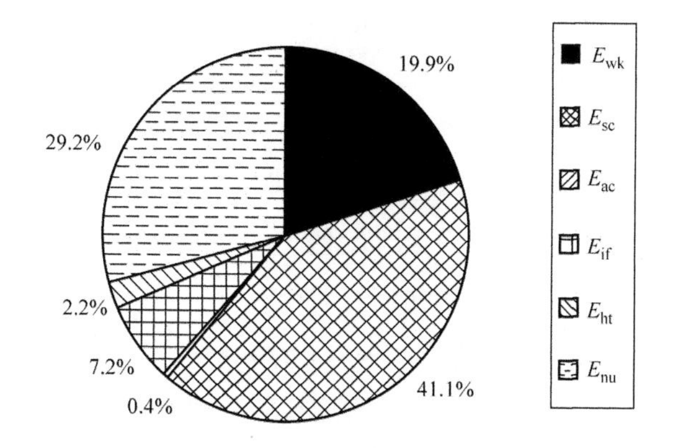

图 9-5　气缸内部的能量分配

E_{wk}—推动负载　E_{sc}—速度控制　E_{ac}—加速　E_{if}—内部摩擦

E_{ht}—传热　E_{nu}—排气等损失

第 10 章　压力调节阀

在气动系统中，压缩空气传送压力损失小，适合远距离输送，通常采用集中气源、统一供气。工业现场常用气源供给压力通常在 0.7 ~ 1.0MPa 范围内，考虑管道输送损失及压力波动，在终端用气设备中，气缸等执行元件的使用压力一般被设定在 0.5MPa 左右，而气动工具、喷嘴等工艺用气点的使用压力则千差万别，有高有低。为能够稳定连续地向各个用气点供给不同大小的压力，必须使用压力调节阀。压力调节阀的作用主要可归结为如下两点。

1）调节压力的大小。

2）在上游压力波动时，稳定[28]压力。

根据压力调节方向的不同，压力调节阀分为两类：

（1）减压阀　供气压力高于使用要求时，降低气体压力。

（2）增压阀　供气压力低于使用要求时，提高气体压力。通常，按照固定的比例（输出输入压力比为 2 倍、4 倍等）增压。

采用减压阀，在上游压力波动和流量发生变化时，可以使压力稳定在设定值附近，因此，在工业现场被大量使用，几乎每台终端设备，甚至每个气缸前都安装有减压阀，以保证供给压力始终恒定。

本节首先以减压阀为对象，先阐述减压阀的工作原理，分析其流量特性与压力特性，介绍直动型和先导型的减压阀主要形式，然后，讨论带容腔负载的减压阀的响应特性。最后，说明增压阀的工作原理及其特性。图 10-1 给出了本

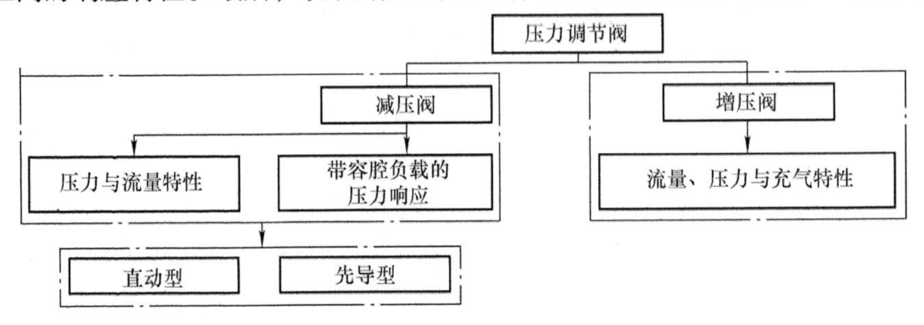

图 10-1　本章知识点关系图

章各知识点之间的关系。

10.1　减压阀的工作原理与特性

10.1.1　工作原理

如图 10-2 所示，以典型的直动型减压阀的构造为例，简单阐述减压阀的工作原理。减压阀的主要部件由调节螺杆、调节弹簧、溢流阀座、膜片、主阀芯、主阀芯杆和主阀芯弹簧组成。

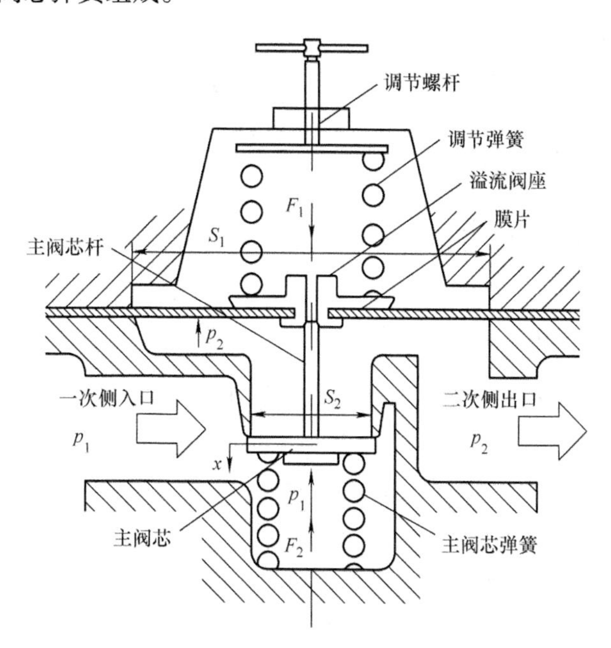

图 10-2　典型减压阀（直动式）的构造

工作过程如下：

1）旋转调节螺杆向下移动，压缩调节弹簧。

2）调节弹簧通过溢流阀座向下压膜片，进而向下压主阀芯杆、主阀芯，从而打开主阀芯。

3）一次侧入口压缩空气经过主阀芯流向二次侧出口。二次侧出口由于气体不断流入而压力不断上升。

4）该压力直接作用于膜片下方，推动膜片不断上移，直至与调节弹簧的弹簧力平衡。此时，膜片不再上升，主阀芯停止移动。

根据作用在膜片上的力平衡，可知出口压力等于调节弹簧的弹簧力（由旋转调节螺杆设定），因此，调整调节弹簧的压缩量可以设定二次侧压力，实现了气体压力（p_1）从一次侧减压至二次侧（p_2）。

当一次侧压力（上游）向下波动，二次侧出口压力下降，并低于设定压力，膜片下移，主阀芯向下移动，阀口增大，出口压力上升；当一次侧压力（上游）向上波动，出口压力上升，并高于设定压力时，膜片上移，主阀芯杆由于与主阀芯固定连接而不再上移，溢流阀打开，出口通过主阀芯杆与溢流阀座间的溢流孔向大气排气，压力下降。

因此，减压阀的构造使二次侧压力形成负反馈作用，可以起稳压的功能。

如图 10-2 所示，静态条件下，对主阀芯进行受力分析，阀体对其支撑力为零，根据静力平衡方程，作用在主阀芯上下的力相等，可得如下公式：

$$F_1 + S_2 p_2 = S_1 p_2 + S_2 p_1 + F_2 \tag{10-1}$$

式中，F_1是调节弹簧的弹簧力（N）；F_2是主阀芯弹簧的弹簧力（N）；p_1是一次侧入口压力（Pa）；p_2是二次侧入口压力（Pa）；S_1是膜片的有效受压面积（m^2）；S_2是主阀芯的有效受压面积（m^2）。

设定压力（旋转调节螺杆）时，主阀芯开度 x 为 0，经过减压阀的流量为零，出口压力可推导为：

$$p_2(0) = \frac{F_1(0) - F_2(0) - S_2 p_1(0)}{S_1 - S_2} \tag{10-2}$$

即，出口压力取决于两弹簧的预设弹簧力、入口压力、膜片和主阀芯受压面积大小。

10.1.2 流量特性

气动系统中压力和流量的变化，将影响减压阀的输出压力。在设计气动系统时，需要考虑压力调节准确度。流量特性与压力特性两大静特性表征了减压阀随压力和流量变化的特性，通常会在产品样本中给出。

流量特性是表示流量与出口压力关系的曲线。设定减压阀出口压力时，堵住二次侧出口使流量为零，逐渐打开二次侧出口通道增加流量，测量此过程中的出口压力和流量，即可得此曲线。

压力设定时，主阀芯的力平衡方程满足式（10-2）。减压阀工作时，主阀芯处于打开状态，流量开始流过减压阀，主阀芯开口位移为 x。出口压力比设定时减小（偏差值 Δp_2）。对主阀芯应用式（10-1），得到力平衡式：

$$F_1(0)-k_1x+S_2[p_2(0)-\Delta p_2]=S_1[p_2(0)-\Delta p_2]+S_2p_1(0)+F_2(0)+k_2x \tag{10-3}$$

联立式（10-2）与式（10-3），可得 Δp_2 与 x 的关系：

$$\Delta p_2=\frac{k_1+k_2}{S_1-S_2}x \tag{10-4}$$

根据第 5 章的流量公式[10]，流量与主阀芯的开口面积成正比，即

$$q_V\propto \pi d_2x \tag{10-5}$$

这里，d_2 是主阀芯开口的有效直径。流量 q_V 增大时，主阀芯开口位移 x 越大，因而出口压力偏差值 Δp_2 也越大。如图 10-3 所示，减压阀的出口压力随着流量的增大而不断下降。为保证压力调节的准确性，减压阀输出压力受流量影响越小越好，即，流量特性曲线越水平越好。由式（10-4）和式（10-5）可见，降低两个弹簧的刚度 k_1 与 k_2，增大主阀芯开口的有效直径 d_2 可以改善流量特性。

除了流经主阀芯的正向流量，流经溢流阀的负向流量也是流量特性的一部分。但由于减压阀主要工作在正向流动中，所以产品样本上通常只提供正向流量的流量特性。负向流量的流量特性一般只在电气调压阀、电气伺服阀的流量特性中被要求。

10.1.3　压力特性

压力特性是表示入口压力变动时出口压力变化的曲线。假设入口压力 p_1 增加 Δp_1 时，出口压力在设定压力 p_2 基础上增加 Δp_2，对主阀芯应用式（10-1），得到力平衡式：

$$F_1(0)+S_2[p_2(0)+\Delta p_2]=S_1[p_2(0)+\Delta p_2]+S_2[p_1(0)+\Delta p_1]+F_2(0) \tag{10-6}$$

联立式（10-2）与式（10-6），可得 Δp_2 与 Δp_1 的关系：

$$\Delta p_2=-\frac{1}{S_1/S_2-1}\Delta p_1 \tag{10-7}$$

由式（10-7）可见，入口压力上升，出口压力不升反降。此特性如图 10-4

所示，减压阀的出口压力与入口压力的变化趋势正好相反。为了减轻入口压力变动的影响，增加 S_1/S_2 值可以起到一定的效果，但通常是采用下节介绍的先导型减压阀来获得更为稳定和精密的调压效果。

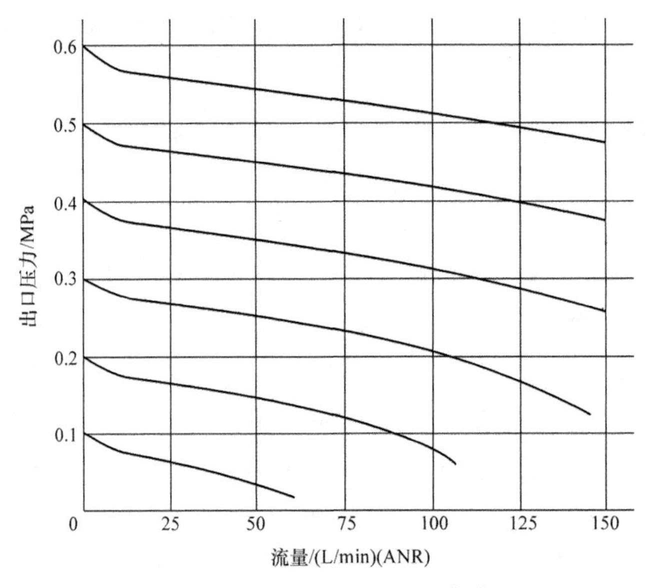

图 10-3　减压阀的流量特性[30]

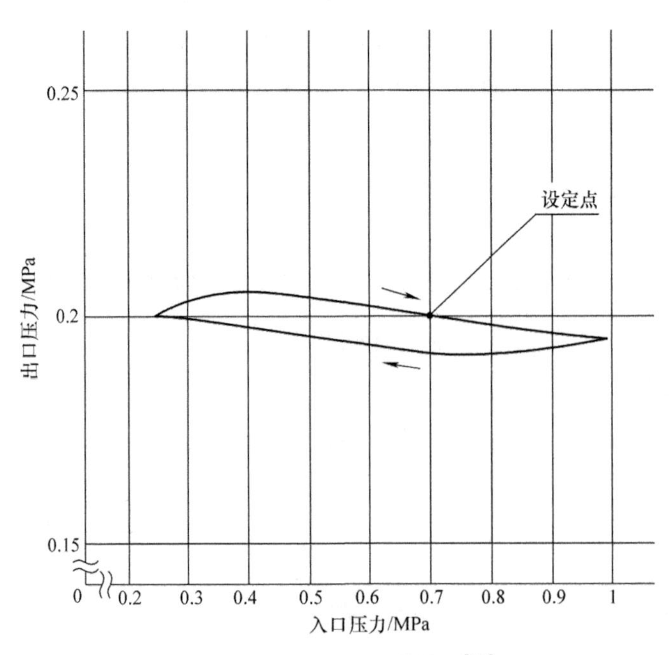

图 10-4　减压阀的压力特性[30]

除了以上的流量特性和压力特性，减压阀还具有重复精度、压力设定精度和分辨率等其他特性，但最重要、最基础的还是流量特性和压力特性。

10.2　直动型与先导型减压阀

减压阀根据内部结构和功能，可分直动型和先导型两大类。

10.2.1　直动型减压阀

通过调节弹簧直接设定出口压力的减压阀通称为直动型减压阀。图 10-5 给出了直动减压阀的典型结构。通常，直动型减压阀带有小流量的溢流功能，用于出口压力高于设定压力时的排气。但是，当排气流量要求很大时，一般不使用单独的减压阀，而是用非溢流型减压阀与专用的大型溢流阀组合使用。图 10-6表示的是溢流型和非溢流型的溢流处结构的不同。此外，非溢流型减压阀还可用于禁止向大气排放的有毒气体等的减压场合。

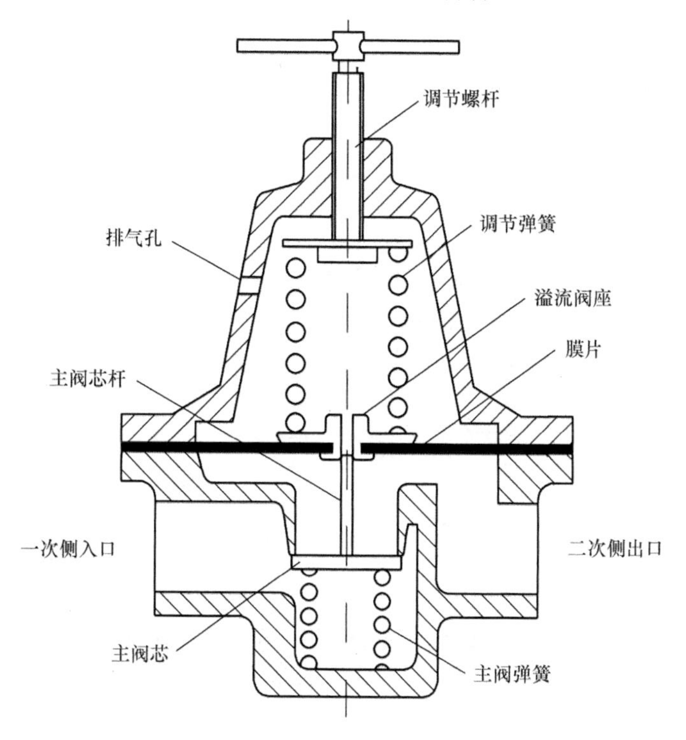

图 10-5　直动型减压阀的典型结构

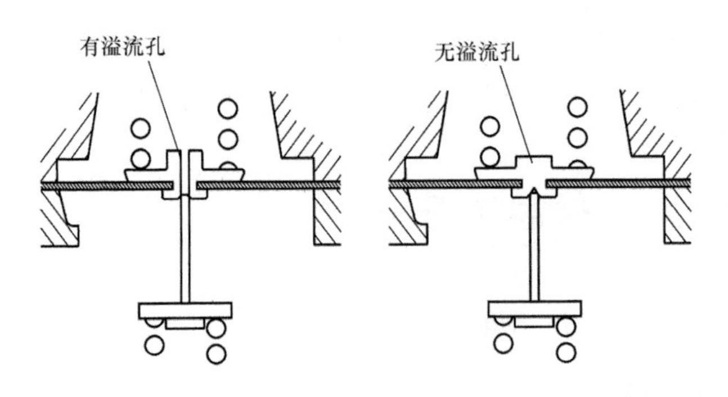

图 10-6　溢流型与非溢流型

如前所述，直动型减压阀的输出压力直接受主阀芯开口位移影响，不是十分理想。为了改善直动型减压阀的流量特性，还有一种利用流速反馈孔的改善方法。该方法如图 10-7 所示，将二次侧出口与膜片下部容腔隔离开，并在隔离壁上开一个垂直于气体流动方向的小孔，该孔称为流速反馈孔。当主阀芯打开有气体流动时，由于流速反馈孔只能将孔前静压传递到膜片下方容腔内，流速反馈孔前存在一定的动压，所以膜片下方容腔压力 p_2' 比出口压力 p_2，即上述的动压与静压之和要低。这样，出口压力 p_2 就可得到正向补偿，流量越大，补偿效果越大，从而可以有效地改善流量特性，使流量特性曲线更水平。

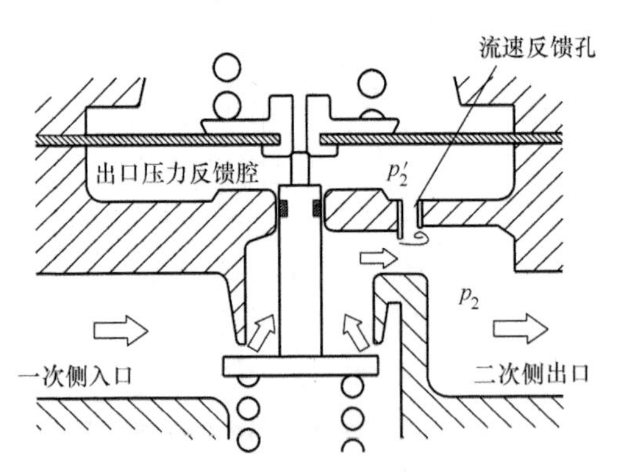

图 10-7　流速反馈机构

如图 10-2 和式（10-7）所示，入口压力 p_1 直接作用于主阀芯，其变动会影响出口压力 p_2。为了消除入口压力变动给主阀芯受力平衡带来的影响，通常采用图 10-8 的构造。此构造是在主阀芯和主阀芯杆中心开孔，将二次侧压力导入到主阀芯下方，从而使主阀芯受力平衡式（10-1）中的 p_1 项消失。如图 10-8a

所示，在主阀芯受力中完全去除 p_2 影响的减压阀称为完全平衡式减压阀。在这种减压阀中，主阀芯受力与入口压力、主阀芯的受压面积完全无关，式（10-1）改写为：

$$F_1 = S_1 p_2 + F_2 \tag{10-8}$$

出口压力变成仅由两弹簧的预设弹簧力和膜片面积来决定。

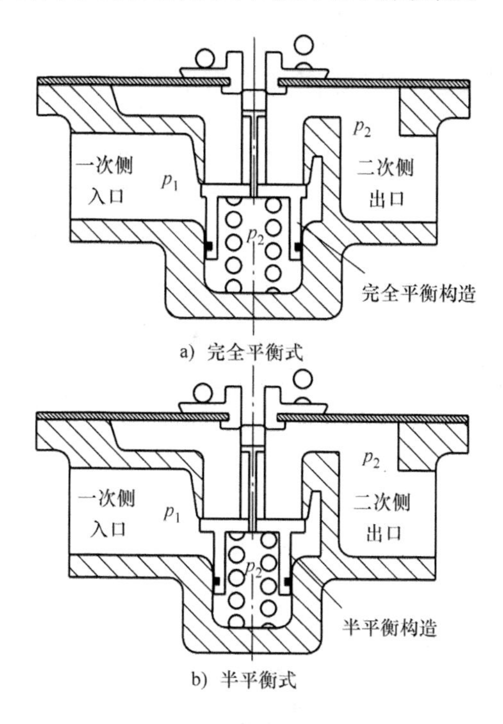

图 10-8　主阀芯的平衡形式

$$p_2 = \frac{F_1 - F_2}{S_1} \tag{10-9}$$

此时，主阀芯打开有流量流过时，主阀芯受力平衡公式的式（10-3）变为：

$$F_1 - k_1 x = S_1 (p_2 - \Delta p_2) + F_2 + k_2 x \tag{10-10}$$

联立式（10-8）和式（10-10），可得此时 Δp_2 与 x 的关系：

$$\Delta p_2 = \frac{k_1 + k_2}{S_1} x \tag{10-11}$$

将式（10-11）与式（10-4）比较，可见比例项减小，主阀芯开口位移的影响变小，流量特性得到改善。

但是，完全平衡式减压阀存在入口压力即使降为大气压时出口压力也不能跟踪进行排气的缺点，不利于系统的安全。为实现跟踪排气的功能，通常采用图 10-8b 所示的半平衡构造。半平衡构造中的主阀芯下方受压面积比上方要小，使入口压力也作用在局部面积上，这样在抑制入口压力变动影响的同时，使阀在入口压力下降时主阀芯也能打开，从而使出口压力也能跟随下降。这对于减压阀的安全性十分重要。

各种平衡形式下的压力特性如图 10-9 所示。

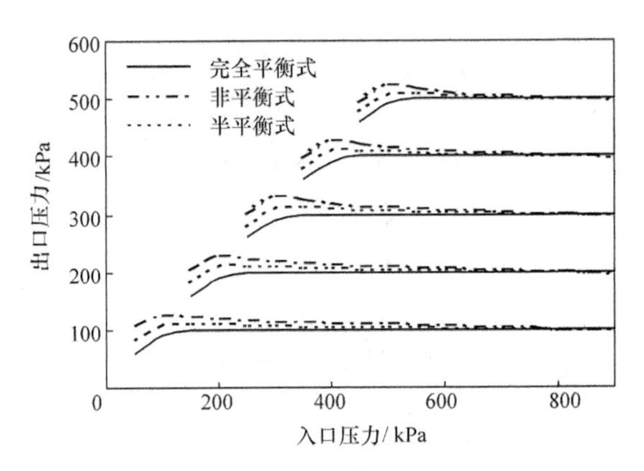

图 10-9　各种平衡形式下的压力特性

10.2.2　先导型减压阀

先导型减压阀是用先导压力来取代直动型中的调节弹簧，具有二次侧出口压力调节和先导二次侧压力调节的双重压力调节机构的减压阀。先导型减压阀的工作原理、主阀芯构造与直动型基本相同，只是膜片上方压力不是直接来自弹簧，而是来自先导控制的压力，其典型结构如图 10-10 所示。先导一次侧压力来自主阀一次侧入口，经过一个直动型减压阀减压到设定压力来调节主阀。该调节先导压力的直动型减压阀通常要求重复精度高，其流量可以很小。由于阀达到稳定状态后先导减压阀的流量为零，先导二次侧压力与设定压力不存在前述流量特性中的偏差，而且不受主阀芯开口位移的影响，所以可以获得很好的流量特性。

图 10-11、图 10-12 是先导型减压阀的流量特性和压力特性示例。

相对直动型减压阀，先导型减压阀具有如下优点：

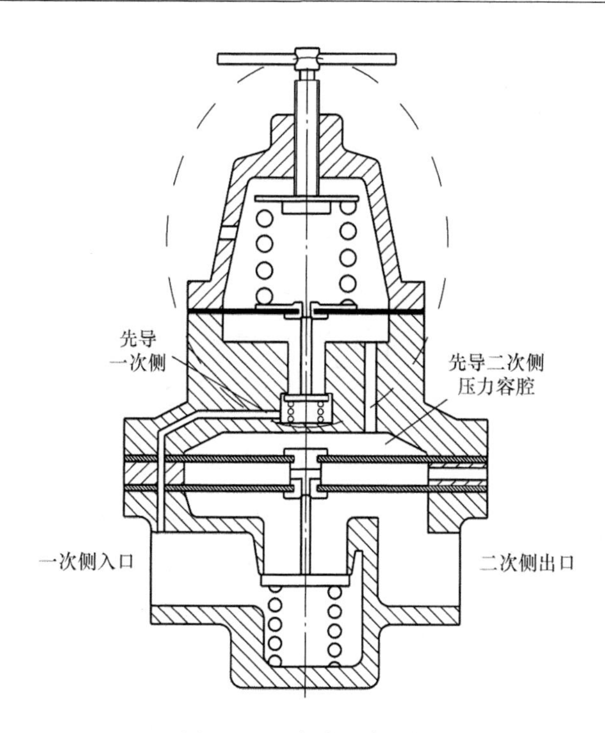

图 10-10　先导型减压阀

1）流量特性好，压力流量曲线接近水平。

2）适用于大口径、大流量的压力调节。

3）适用于远程控制。

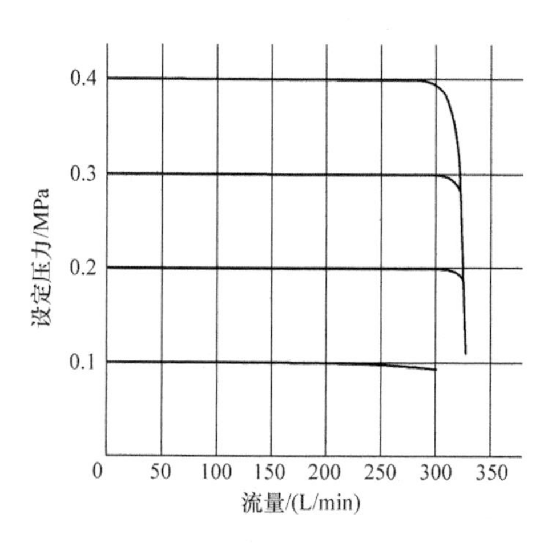

图 10-11　先导型减压阀的流量特性

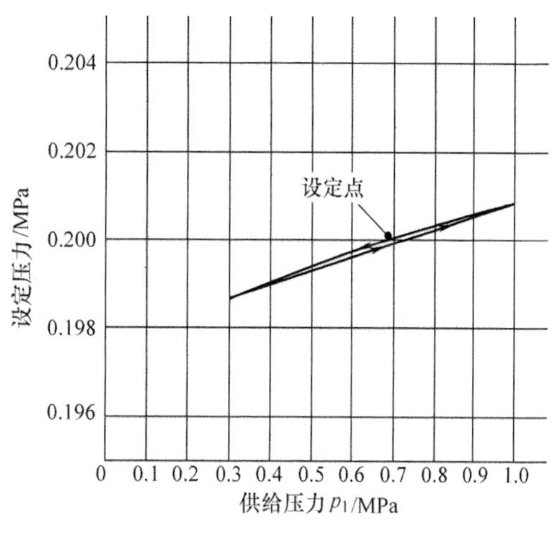

图 10-12　先导型减压阀的压力特性

10.3 带容腔负载减压阀的压力响应

本节以图 10-13 所示的带容腔负载的减压阀为对象，分析其压力响应特性。

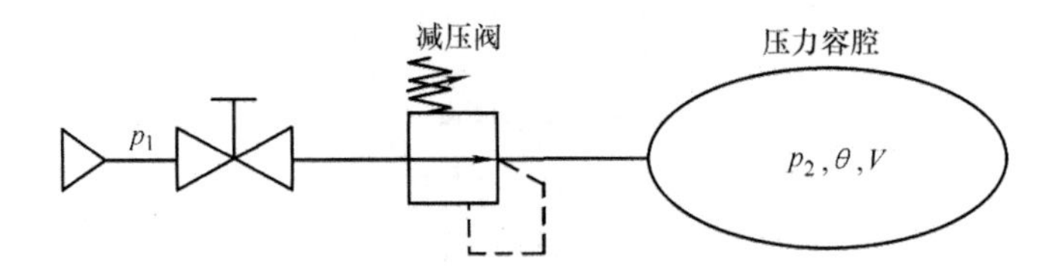

图 10-13 带容腔负载的减压阀

先设定减压阀出口压力 p_2，对压力容腔进行充气并使其最终达到压力稳定状态。然后，快速调节减压阀手柄，此时减压阀设定压力假设为 p_{ref}。如图 10-14所示，对出口压力 p_2 至 p_{ref} 的流量特性进行线性化，可得此时的体积流量为[8]：

$$q_V = a(p_{ref} - p_2) \tag{10-12}$$

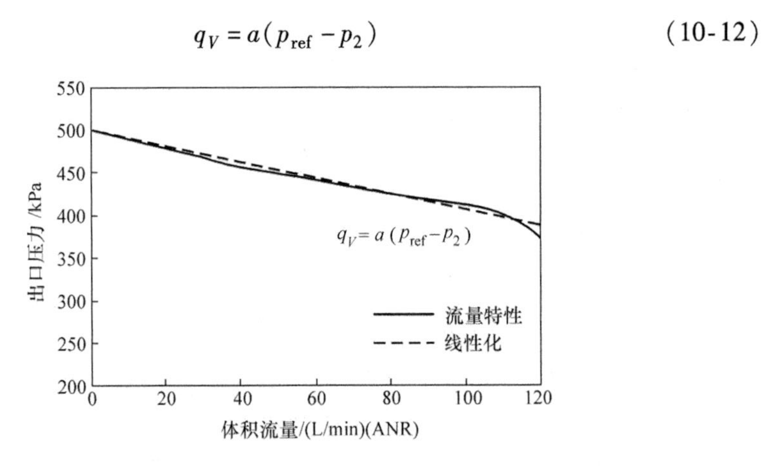

图 10-14 流量特性的线性化

此处的 a 为流量特性曲线进行线性化后得到的直线斜率。设标准状态 ANR 下的空气密度为 ρ_{ANR}，此时的质量流量为：

$$q_m = \rho_{ANR} q_V \tag{10-13}$$

简单起见，假设容腔充气过程中容腔内空气的状态变化为等温过程。根据第 2 章内容，容腔内空气状态变化可用如下公式表示[27]：

$$\frac{\mathrm{d}p_2}{\mathrm{d}t}=\frac{R\theta_\mathrm{a}}{V}q_m=\frac{R\theta_\mathrm{a}}{V}\rho_{\mathrm{ANR}}a(p_{\mathrm{ref}}-p_2) \tag{10-14}$$

由此可见，容腔内的压力响应为一阶滞后系统，其时间常数为：

$$T=\frac{V}{a\rho_{\mathrm{ANR}}R\theta} \tag{10-15}$$

图 10-15 表示了该系统的压力响应曲线。

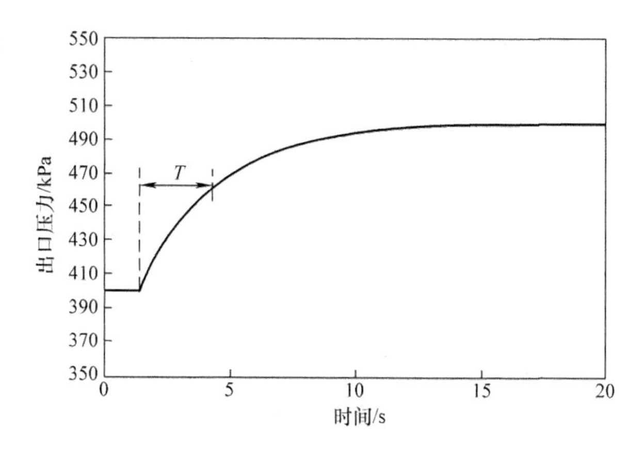

图 10-15　减压阀的压力响应曲线

10.4　增压阀的工作原理与特性

10.4.1　工作原理

如图 10-16 所示，增压阀由减压阀、活塞、驱动腔、增压腔、方向控制阀和单向阀等构成。从一次侧入口进入的压缩空气一部分不经过减压直接流入到增压腔 A 和 B，另一部分经过减压阀调压，通过方向控制阀流入驱动腔 B，驱动腔 B 和增压腔 A 中的压缩空气驱动活塞左移，压缩增压腔 B 中的空气，增压腔 B 中的空气压力上升，通过单向阀从二次侧出口流出。活塞运动到行程终点时，撞击方向控制阀的机械换向杆，方向控制阀换向，流经减压阀的输入气体切换流入驱动腔 A，此时驱动腔 A 和增压腔 B 中的压缩空气驱动活塞右移，压缩增压腔 A 中的空气，增压腔 A 中的空气压力上升，通过单向阀从二次侧出口流出。从而周而复始，连续地输出高压空气。通过设定驱动腔和增压腔中活塞的面积比，可以设计不同增压比的增压阀。通过调节一次侧入口后的减压阀，可以间接地调节二次侧出口的压力。

增压阀由于结构简单、无需电源、易于使用等特点，在车间供气压力不能达到使用要求时，一般都采用增压阀来增压。尤其是对工厂进行节能改造，需降低工厂气源压力时，增压阀的作用就更为突出[28]。

但增压阀也存在不足，一是方向控制阀的撞击换向，工作噪声比较大；二是驱动腔中驱动侧的压缩空气在驱动后都排放到大气中，能源利用效率不高[30, 31]。所以，增压阀通常都使用在用气压力高，但流量小的场合。在这种场合，增压阀不是连续工作，而是处于断续工作状态，从而将上述不足降到最低。

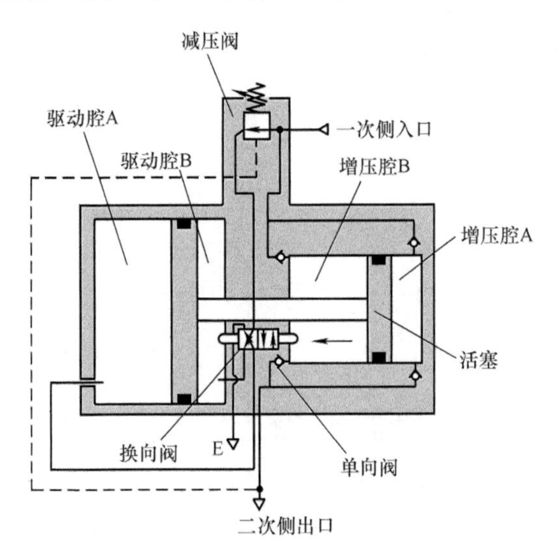

图 10-16　增压阀的构造

10. 4. 2　流量特性、压力特性与充气特性

增压阀与减压阀一样，除有流量特性和压力特性外，由于其间歇工作的特点，还有充气特性。流量特性如图 10-17 所示，阀的输出压力随着流量的增加而不断降低，设定增压比仅限于流量接近于零时才可达到。

压力特性如图 10-18 所示，二次侧出口压力会受一次侧入口压力影响，但相对一次侧入口压力的大幅变动，二次侧出口压力变化很小。这是因为二次侧出口压力实质上是由减压阀调节，与一次侧压力不直接相关。

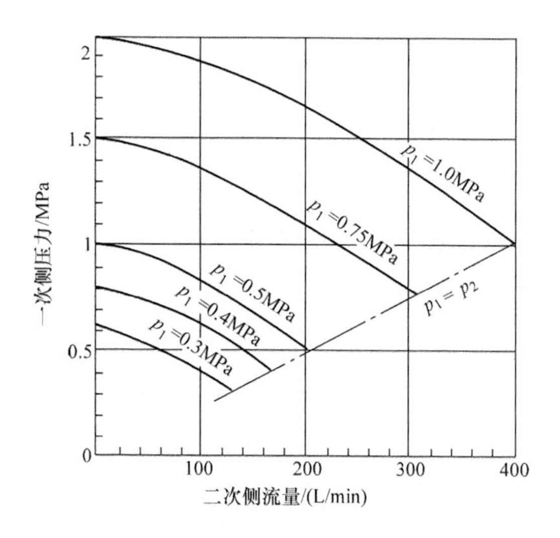

图 10-17　增压阀的流量特性（增压比 = 2）[26]

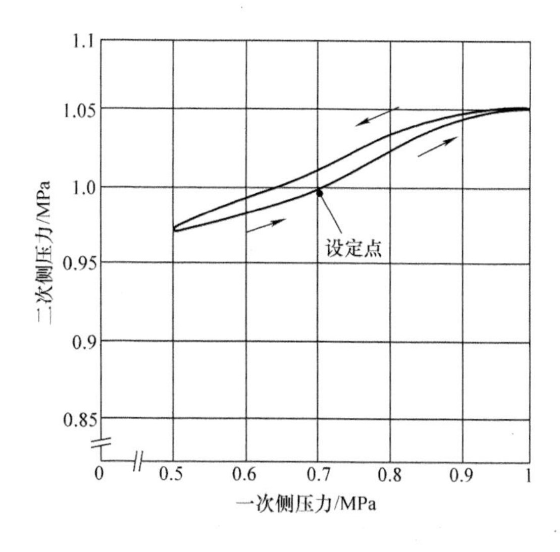

图 10-18　增压阀的压力特性[26]

图 10-19 表示的是充气特性。增压阀在间歇工作中，当出口负载用气导致出口压力低于设定压力时，增压阀开始工作直至出口压力达到设定压力，随后停止工作。当出口压力接近设定压力时，增压阀的输出流量不断减小，充气时间延长，所以对用户而言有必要计算充气时间，即间歇工作的时间。根据

图 10-18的曲线，可以查出对 10L 容腔充气时从一个压力到另一个压力的所需时间，再根据实际容器大小，就可按比例计算出增压阀的间歇工作时间。

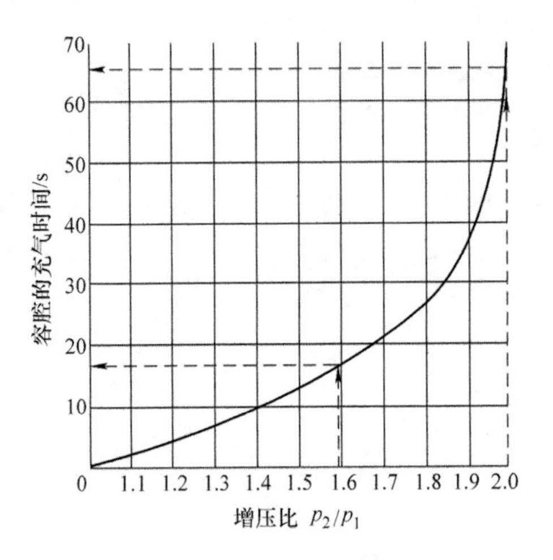

图 10-19 增压阀的充气特性[26]

第 11 章　比例阀与电/气伺服阀

由于伺服电机、步进电机等电气伺服驱动机构在工业现场的日益普及，气动伺服系统通常仅限于在高湿度、强磁场、要求防爆等恶劣环境下使用。近些年，由于空气的柔软性以及使用中不产生热和磁场等优点被重新认识，半导体精密制造中光刻机用的减振台、医疗仪器、福祉设备上开始出现气动伺服系统的身影，并有逐步扩大的趋势。

在构建气动伺服系统时，电/气伺服阀作为控制元件是系统中最为关键的构成要素。电/气伺服阀的广义定义为：对应电压或电流的模拟输入信号的连续变化可连续相应地控制输出流量或压力的阀[31]。

对电/气伺服阀进行大分类，有比例控制阀和喷嘴挡板型伺服阀两大类，如图 11-1 所示。比例控制阀根据输入信号的大小比例地输出流量或压力，其中以采用比例电磁铁的电磁比例阀为代表；而喷嘴挡板型伺服阀输出的流量或压力未必与输入信号成正比，但分辨率高、灵敏，适合高精度控制，价格通常也比比例控制阀高出较多。由于喷嘴挡板型伺服阀出现早，是传统的伺服阀，因此，习惯上将电/气伺服阀等同于喷嘴挡板型伺服阀。

比例控制阀根据控制输出，分为流量比例控制阀和压力比例控制阀。比例控制阀中控制流量大小的主阀机构主要有滑阀和提升阀两类。这样的主阀机构在不输出流量时必须关闭。因此，流量零点附近会产生死区，也称为不敏感带，而导致阀的输入输出特性呈非线性，影响控制精度。尽管如此，由于比例控制阀具有相对喷嘴挡板型伺服阀价格低、可对应大流量、输入输出成比例关系等易于使用的优点，比例控制阀正作为电/气伺服阀的普及型产品得到了广泛的使用。

另一方面，喷嘴挡板型伺服阀没有主阀机构，是根据输入信号改变喷嘴挡板机构中喷嘴和挡板间的间隙大小来调节喷嘴上流的背压。不输出流量时勿需关死喷嘴，因而没有死区，控制灵敏度高。但是，需连续向喷嘴供气并排到大气中，空气消耗量大，不节能。而且，由于采用节流孔，难以用于大流量控制。

目前，喷嘴挡板型伺服阀多用于减振控制、张力控制等需要高灵敏度的高精度控制中。

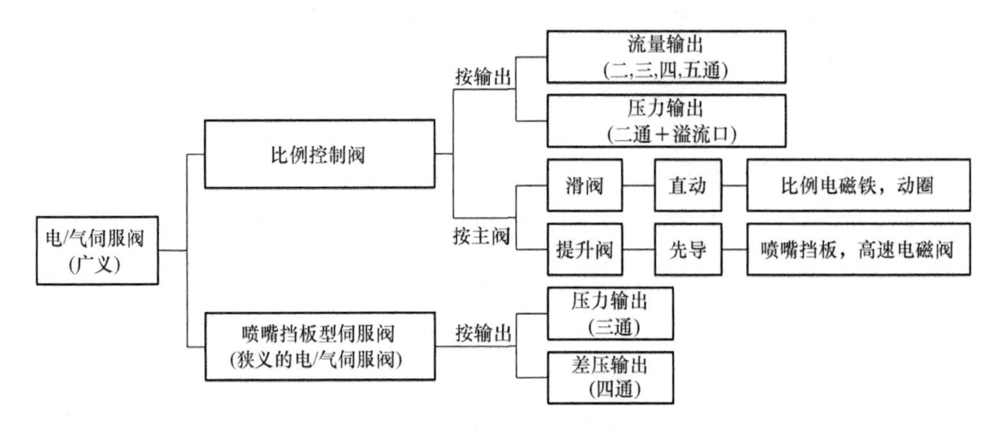

图 11-1　电/气伺服阀的分类

本章以主要类型的电/气伺服阀为对象，先阐述流量比例控制阀和压力比例控制阀的构造、工作原理，介绍其特性表示，然后说明喷嘴挡板型伺服阀的分类、构造、工作原理，进而对喷嘴挡板型伺服阀的特性进行理论分析。

11.1　比例控制阀

11.1.1　流量比例控制阀

流量比例控制阀根据输入信号比例输出流量。但实际上比例于输入信号输出的不是流量，而是阀开口的有效截面积的大小。为使有效截面积呈比例变化，大多流量比例控制阀使用滑阀形式的主阀结构。此时，只需使滑阀阀芯的位移与输入信号成正比即可。由于滑阀阀芯不直接受气体压力作用，仅受流体反力影响，而气体密度低，流体反力相对较小，所以滑阀阀芯通常采用直接驱动方式。作为滑阀阀芯的驱动机构，价格相对低廉的比例电磁铁被广泛使用。近些年，为了提高滑阀阀芯的位置控制精度，很多流量比例控制阀一改传统的开环控制方式，开始采用高精度位置传感器检测滑阀阀芯位移，从而利用闭环反馈精确控制滑阀阀芯位移。此类流量比例控制阀的数量正在增加，并多用动圈或力马达等来驱动滑阀阀芯。以前控制上难以解决的由正遮盖引起的死区问题近年由于加工精度的提高和上述闭环位置控制系统的导入而得到了很大的改善。利用流量比例控制阀来构建高精度控制系统也变得越来越容易。

图 11-2 所示的是一种基于阀芯位置闭环控制的流量比例控制阀。在该阀中，位置传感线圈安装在滑阀阀芯的右侧，并采用音圈力马达对滑阀阀芯位移进行闭环控制，使阀芯的位移，即阀的开口与输入信号成比例。而且，为了提高滑阀阀芯的位置控制精度，该阀还采用了空气轴承来支撑阀芯，使阀芯的滑动摩擦力减到最小。由于该阀采用直接驱动方式并且阀芯的滑动摩擦极小，阀芯的动态响应很高，频宽可达 200Hz 以上[32,33]。

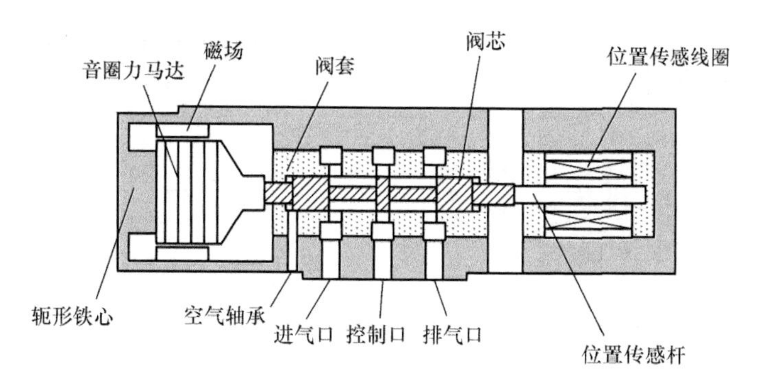

图 11-2　流量比例控制阀

11.1.2　压力比例控制阀

压力比例控制阀是将输出压力反馈作用于阀芯上，当输出压力与输入信号设定的压力不相等时，压差驱动阀芯移动，使输出压力等于设定压力的阀。图 11-3a 表示典型的压力比例控制阀结构，主阀芯通常采用提升阀（Poppet valve）结构。阀的输出压力始终与输入信号设定的膜片上方的先导腔的压力保持平衡。如果输出压力比先导腔的压力低，膜片下移，主阀芯向下移动，主阀开口增大，输出压力上升；反之，膜片上移，排气阀打开，输出侧的空气通过排气阀排放到大气中。这与第 10 章介绍的先导型减压阀结构和工作原理相同。所不同的是，压力比例控制阀的输出压力不是由手动调节柄设定，而是由电信号设定。在很多场合，压力比例控制阀也被称为电气调压阀。

图 11-3a 所示的压力比例控制阀是先导式结构。压力比例控制阀中也有直动式结构，而直动式结构除了用于极少的低压输出用的压力比例控制阀外，很少

被采用。原因是阀的输出压力直接作用在膜片上，膜片的驱动力大，驱动机构体积大，不容易实用化。

通常，压力比例控制阀的先导式结构多采用喷嘴挡板机构，也有采用 PWM（脉宽调制）控制高速开关阀（图 11-3b）来设定先导压力[34]。

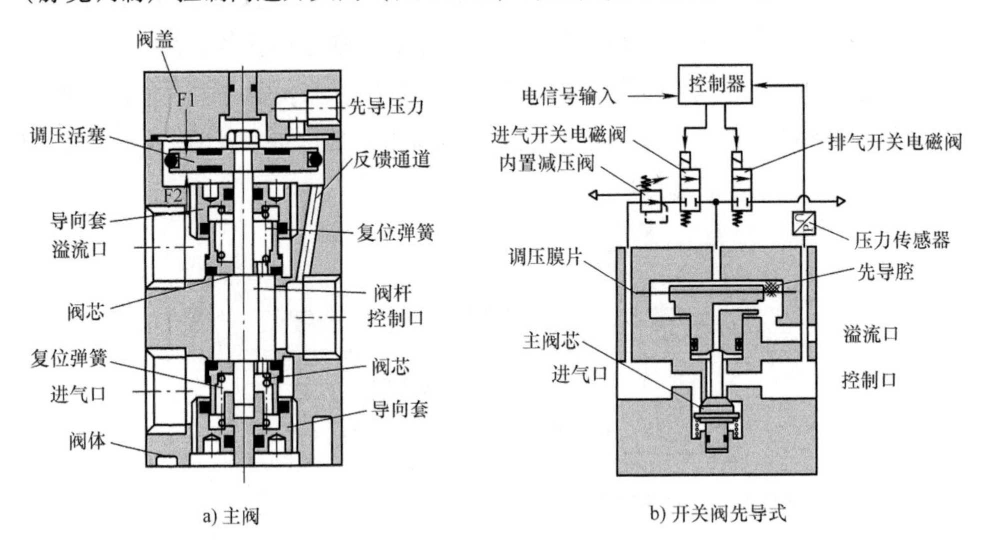

图 11-3　压力比例控制阀

11.1.3　特性表示

在静特性上，流量比例控制阀仅有输入输出特性（图 11-4a 表示 Festo VPCF 系列阀的输入信号 - 输出流量关系），而压力比例控制阀不仅有输入输出特性（图 11-4b 表示 SMC ITVX2000 系列阀的输入信号 - 输出压力关系），还有流量特性和压力特性。这里的流量特性与压力特性与第 10 章所述的减压阀相同，各自表示输出压力受流量和供给压力变动的影响程度。这些静特性通常都表示在产品样本上，详细请参照相关产品的样本。

动特性包括阶跃响应特性和频响特性。流量比例控制阀因为没有先导腔这样的一阶滞后环节，所以响应快，适合于高速控制。部分的流量比例控制阀的频响超过 100Hz，作为构成伺服系统的部件，其响应速度比外加负载后要快得多，所以其响应时间对系统动特性的影响通常可以忽略不计。压力比例控制阀在阀内有先导腔、压力反馈腔等容腔，响应比流量比例控制阀要低一些。因此，压力比例控制阀多用于对响应要求不严的远程压力控制等。

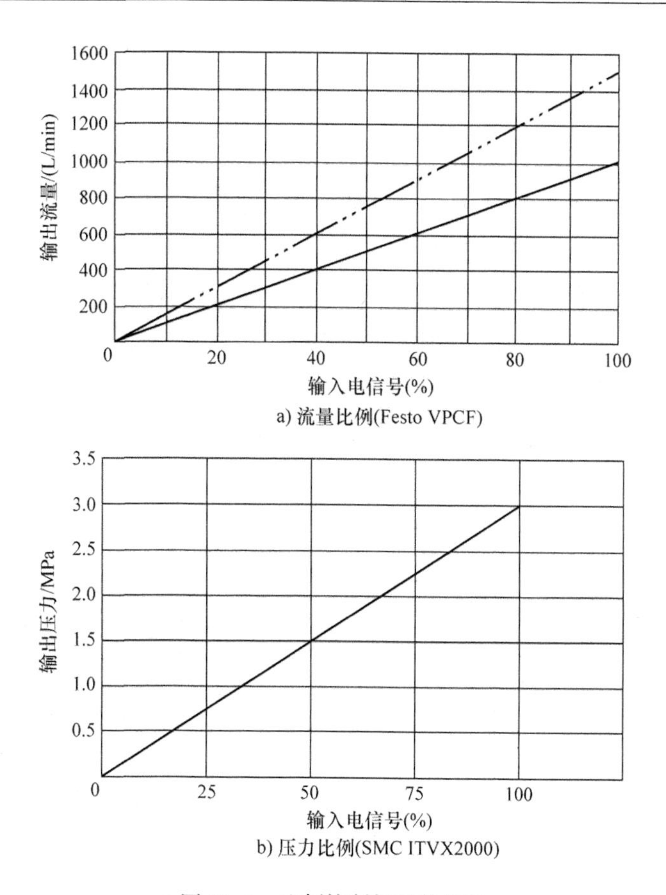

图 11-4　比例控制阀的静特性

11.2　喷嘴挡板型伺服阀

11.2.1　分类及工作原理

喷嘴挡板型伺服阀根据输出及构造，可按图 11-5 分为三类：

（1）输出压力的单喷嘴三通阀（图 11-5a）　用动圈、压电晶体或力矩马达驱动挡板，通过改变挡板与喷嘴间的间隙来控制固定节流孔与喷嘴间的背压（C 口）。此类阀由于可控流量范围小，多用于小流量的先导压力控制。

（2）输出压力的双喷嘴三通阀（图 11-5b）　用力矩马达使挡板倾斜，从而调整挡板与喷嘴间的间隙，进而控制两个喷嘴中间的压力（C 口）。与单喷嘴阀相比，由于没有固定节流孔，压力及流量的输出范围比较大。该阀是喷嘴挡板型伺服阀的主流类型。

（3）输出差压的四通阀（图 11-5c） 尽管具有与双喷嘴三通阀相似的结构，但其两个喷嘴的上流侧装入了两个固定节流孔。如移动挡板使挡板偏离中位，挡板与两个喷嘴间的间隙变为不同，两侧的输出侧（C1 口和 C2 口）的压力变为不同，从而产生差压。此差压输出适合双出杆气缸两侧容腔压力的控制，例如用于减振台的水平减振作动器[40]，如图 11-5c 所示。

总体来说，虽然伺服阀的功能与压力比例控制阀相同，都是用来控制压力，但实际中通常根据流量范围、控制分辨率、响应等使用要求来区别使用。

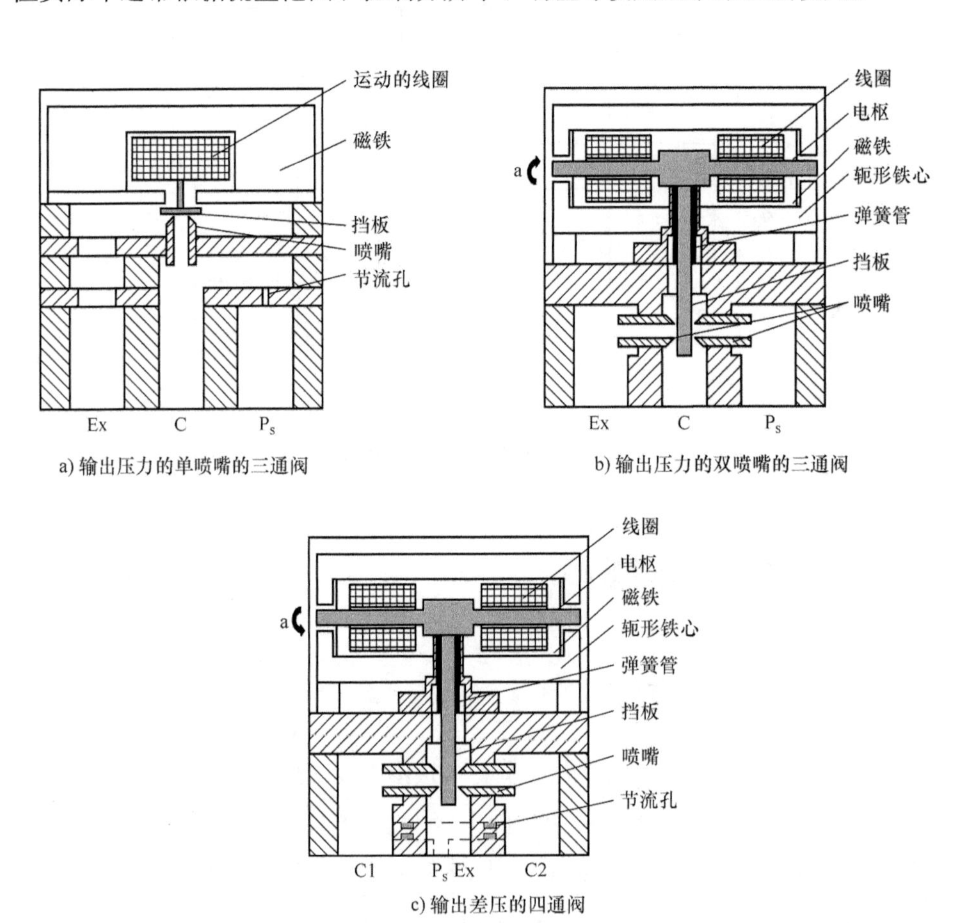

a) 输出压力的单喷嘴的三通阀

b) 输出压力的双喷嘴的三通阀

c) 输出差压的四通阀

图 11-5 喷嘴挡板型伺服阀

11.2.2　喷嘴机构的特性解析

图 11-6 是典型的喷嘴挡板机构，现讨论它的数学模型[36,37]：首先，对状态方程式 $p_c V_c = m_c R\theta_c$ 进行微分，可得如下公式：

$$\begin{aligned}\frac{\mathrm{d}p_c}{\mathrm{d}t} &= \frac{R\theta_c}{V_c}\frac{\mathrm{d}m_c}{\mathrm{d}t} + \frac{m_c R}{V_c}\frac{\mathrm{d}\theta_c}{\mathrm{d}t} \\ &= \frac{R\theta_c}{V_c}(q_{m1} - q_{m2}) + \frac{m_c R}{V_c}\frac{\mathrm{d}\theta_c}{\mathrm{d}t}\end{aligned} \tag{11-1}$$

然后，根据能量守恒定律可求得下式。

$$\begin{aligned}\frac{\mathrm{d}\theta_c}{\mathrm{d}t} &= \frac{R\theta_a}{c_V m_c}(q_{m1} - q_{m2}) + \frac{Q}{c_V m_c} \\ &= \frac{R\theta_a}{c_V m_c}(q_{m1} - q_{m2}) + \frac{hS_h}{c_V m_c}(\theta_a - \theta)\end{aligned} \tag{11-2}$$

式中，c_V是空气的比等容热容；Q 是外部环境传入的热量；h 是传热系数；S_h是传热面积。

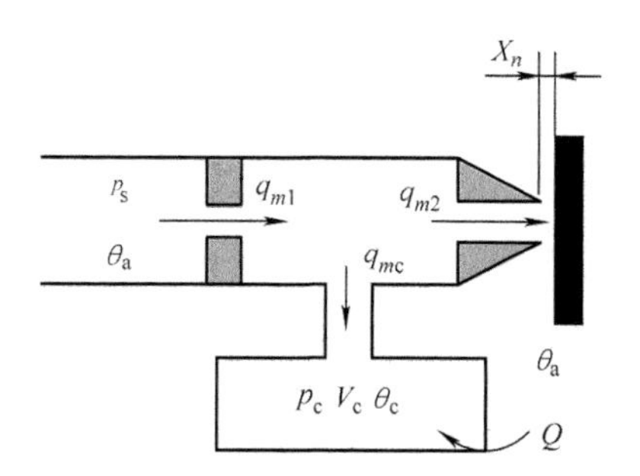

图 11-6　喷嘴挡板机构

如在平衡点（平衡压力 p_{ref}）附近进行线性化，根据式（11-1）和式（11-2）可得图 11-7 所示的框图。其中，a 是流量增益。流量增益 a 表示的是压力变化与流量变化的比值，定义如下：

$$a = \frac{\Delta q_{mc}}{\Delta p_c} = \frac{\Delta q_{m1} - \Delta q_{m2}}{\Delta p_c} \tag{11-3}$$

如图 11-8 所示，控制侧的压力如偏离平衡点 Δp_c，q_{m1}和 q_{m2}变化，（$\Delta q_{m1} - \Delta q_{m2}$）大小的流量流入控制侧。流量增益 a 越大，控制系统的响应越快。

通常，为方便起见，控制侧的温度都假设为等温变化。此时，图 11-7 中的

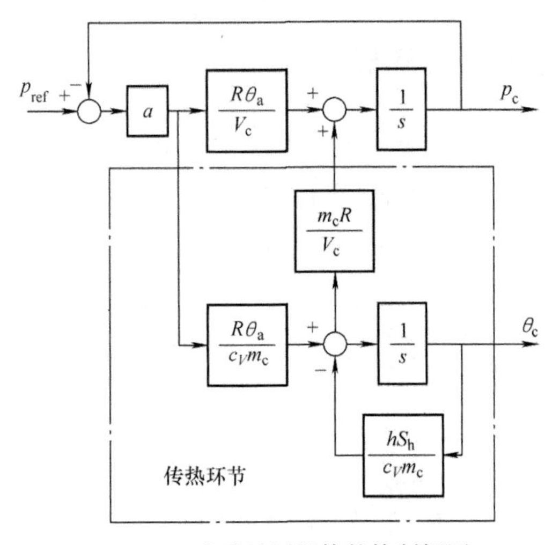

图 11-7　喷嘴挡板机构的控制框图

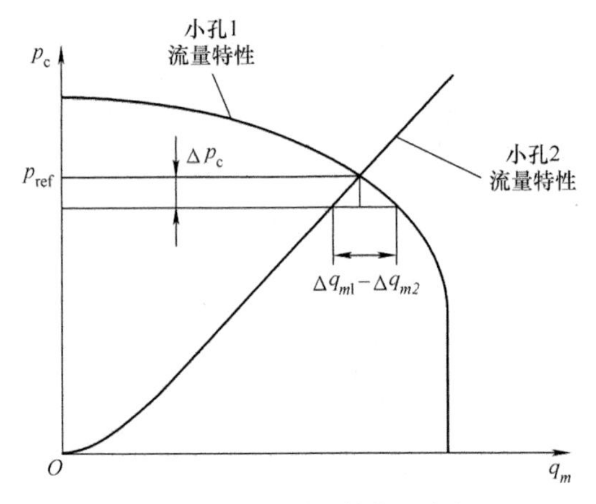

图 11-8　流量增益的物理含义

传热部分简略化后的传热函数可写为：

$$F(s)=\frac{1}{1+T_ps} \tag{11-4}$$

其中，T_p是控制系统的时间常数。

$$T_p=\frac{V_c}{aR\theta_a} \tag{11-5}$$

负载容腔体积 V_c越大，时间常数 T_p越大，系统越滞后；相反，流量增益 a 越大，时间常数 T_p越小，系统反应越快。根据以上数学模型，就可对喷嘴挡板机构的动特性进行理论分析。

第12章　气动伺服系统与数字控制

气动伺服控制系统由于可以在高温高湿、强磁场、要求防爆等恶劣环境下可靠地工作，以调节阀为代表在过程控制领域得到了广泛的使用。而且，与电气伺服系统相比，气动伺服控制系统具有输出力大、无发热、不产生磁场等优点，在汽车的车身点焊设备、对热及磁场极其敏感的半导体高精度制造设备等工业设备中也发挥着不可替代的作用[26]。另外，贴近人们生活的高速列车的气压减振系统[44]、承载精密光学设备的空气弹簧式主动隔振台等实际上也是气动伺服控制系统。近些年，由于质量轻、低成本、检测气缸两腔压力可推定外力等特点，气动伺服控制系统开始被尝试研究应用于机器人手臂、灵巧手、远程手术主从操作系统等[39-41]。

气动伺服控制系统尽管具有上述优点及应用，但本质上还是一种难于控制的系统。首先，由于空气具有压缩性，系统的时间常数大，固有频率低，刚性弱，频响基本都在10Hz以下。而且，控制对象的容积越大，频响越低。其次，控制对象为气缸时，活塞与气缸缸筒内壁间存在的库伦摩擦力与黏性摩擦力是非线性因素，这会导致系统不稳定，容易出现爬行现象，实现高精度控制比较困难。最后，气动控制元器件的流量特性中有声速流和亚声速流，亚声速流与压力比的曲线为椭圆曲线，这些非线性的影响也不容忽视。

为此，在构筑气动伺服控制系统时，需要把握气动伺服的特征，尤其是需要综合考虑控制系统的外部环境、控制精度及其他技术要求、控制器设计制作的难易程度等。

本章从气动伺服控制系统的分类开始介绍其各类控制系统及其特点，然后以气动伺服控制系统中最基本的空气容腔内压力控制、气缸定位控制为例，阐述控制方框图及控制器的特征，以及温度的影响等。最后，介绍基于高速开关阀的数字控制方法。

12.1 气动伺服系统的分类

气动伺服系统根据控制目标可以大致分成如下几类：

1. 压力控制和力控制

压力控制是指使某一空气容腔内的压力或下流气动管道的供气压力保持一个恒定的值，企业生产工艺中存在很多这样的要求；力控制则是控制气缸的输出力，使其保持稳定，并能随工艺要求而变化。该类控制中通常使用低摩擦力的膜片缸，在印刷机的纸张、卷箔机的铝箔等的张力控制中被广泛使用。无论是压力控制还是力控制，如精度要求不高、响应要求一般的话，第11章中介绍的电/气调压阀基本能实现控制要求；但如果要求高速响应或高精度控制的话，则必须使用流量比例阀或喷嘴挡板阀来满足高速响应要求。

2. 位置控制和角度控制

气缸的定位控制在工件搬运等生产流程中被广泛使用。这种应用的定位精度通常在0.1～1.0mm范围内，所以用带抱紧装置气缸或中位封闭的三位方向控制阀并结合自学习控制来构建系统的情况较多。近些年，通过利用内置空气轴承的超低摩擦气缸与高频响伺服阀，可使气缸定位精度达到微米级，并已有实用化的案例[42]。

3. 力与位置的控制

在人工肌肉驱动的机器人手臂、带力反馈的主从控制系统中要求同时进行力与位置的控制。特别是在主从控制系统中，从控制手再对主控制手进行位置跟踪的同时，还需将从控制手前端接触的力实时反馈到主控制手并提示给操纵者[41]。

4. 加速度控制

空气弹簧式主动隔振台、列车的减振系统中，需要控制工作台、列车车身的加速度使其尽量接近零，从而消除外界对其的干扰。该种减振控制通常为加速度控制。此类系统中多用喷嘴挡板阀或喷嘴挡板伺服机构作为控制元件来实现。

5. 速度控制

与电动机一样，使用气动马达的时候要求进行速度控制。电动机具有易于控制、控制精度高等优点，这使其在工业领域得到了迅速普及。而气动马达由于不易控制、能量效率低等缺点，使用领域极其有限，现只限于防爆要求的矿井、高速旋转的牙医工具等少数场合。

气动伺服控制系统根据控制方式，可分为模拟控制和数字控制。模拟控制是使用电/气伺服阀的方式，其控制信号是伺服阀的模拟输入信号，通常有 4～20mA 和 0～5V 两种。而数字控制是使用高速开关阀的方式，其控制信号是使高速开关阀开关的高低电平数字信号。

在数字控制中，必须将控制输入的模拟信号转换成数字信号，该转换是通过脉冲调制方式来实现的。在模拟控制中，尽管不需数模转换，但需将连续的电气信号转换成流量或压力信号，该转换是通过电/气伺服阀来实现的。电/气伺服阀有喷嘴挡板阀、流量比例控制阀、压力比例控制阀，详细内容请参照第 11 章。

12.2　空气容腔内压力控制

如图 12-1 所示，空气容腔内压力的控制是气动伺服控制系统中最基本的控制问题。下面以图 12-1 的控制系统进行分析，并从中阐述气动伺服控制系统的特征。

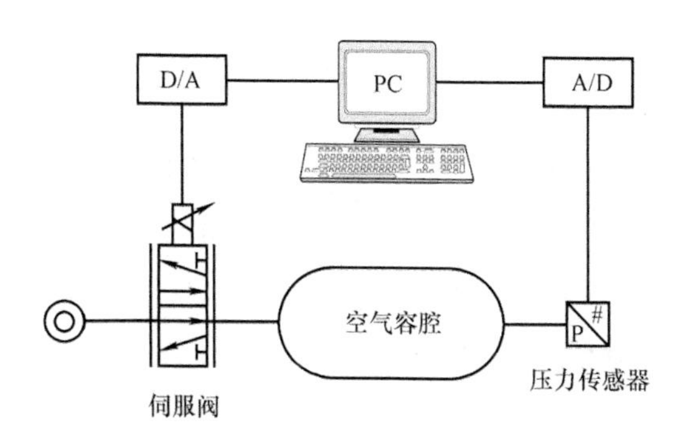

图 12-1　空气容腔内压力控制

12.2.1　基础方程式与控制方框图

在气动伺服系统中，通常使用 PI 控制器。因此，给伺服阀的控制量按下式由压力目标值p_{ref}与采样的压力测量值p求出：

$$u=\left(K_{\mathrm{p}}+\frac{K_{\mathrm{i}}}{s}\right)(p_{\mathrm{ref}}-p) \tag{12-1}$$

式中，K_{p}、K_{i}分别是比例控制系数和积分控制系数。

进出空气容腔的质量流量q_m是由伺服阀控制的。在工作点附近进行线性化，可得到伺服阀的流量增益a：

$$a=\frac{\partial q_m}{\partial u} \tag{12-2}$$

式中，∂u是输入信号的某一微小变化值；∂q_m是针对该微小变化的伺服阀输出流量的变化值。

对于流量比例控制阀，由于阀的开口面积、即输出流量与输入信号u成正比，所以流量增益a与输入信号u无关，仅取决于上下流的压力。

对空气容腔内空气的状态方程式$pV=mR\theta$进行时间微分，可得如下压力微分值：

$$\frac{\mathrm{d}p}{\mathrm{d}t}=\frac{R\theta}{V}\frac{\mathrm{d}m}{\mathrm{d}t}+\frac{mR}{V}\frac{\mathrm{d}\theta}{\mathrm{d}t}=\frac{1}{V}\left(q_mR\theta+mR\frac{\mathrm{d}\theta}{\mathrm{d}t}\right) \tag{12-3}$$

其次，根据空气容腔内的能量守恒定律，可求得其温度变化：

$$\frac{\mathrm{d}\theta}{\mathrm{d}t}=\frac{1}{c_Vm}(q_mR\theta+Q)=\frac{1}{c_Vm}[q_mR\theta+hS_{\mathrm{h}}(\theta_{\mathrm{a}}-\theta)] \tag{12-4}$$

式中，c_V是空气的比等容热容；Q是外部环境来的传热量；h是传热系数；S_{h}是传热面积。

根据以上公式写出方框图，可得图12-2所示方框图。其中，$\partial q_m/\partial p$是针对伺服阀下流压力变化的流量变化。在声速流时，该值为零；在亚声速流时，随着下流压力的上升，流量减小，该值为负值。

如方框图所示，分析空气容腔的充气或排气。由于空气的压缩性，空气容腔内的温度在充气时随着空气质量的增加而升高，排气时随着空气质量的减少而降低。该温度变化直接影响空气容腔内的压力响应。由此也可知，如可忽略空气容腔内的温度变化，压力响应将得到改善。为此，东京工业大学的香川利春教授提出的等温化压力容器将可解决空气容腔内充排气时的温度变化问题。

如果采用等温化压力容器，式（12-4）的温度微分值为零，式（12-3）的第2项略去，压力变化将仅取决于流量。此时图12-2中用虚线圈起来的“温度

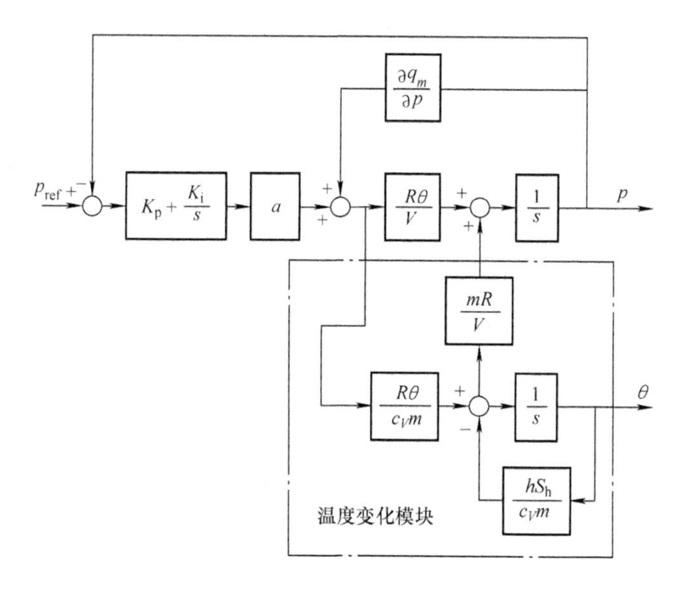

图 12-2　压力控制的方框图

变化模块”将消失。

“温度变化模块”如果消失，方框图将可大幅简化，可求得其传递函数为：

$$F(s)=\frac{As+C}{s^2+Bs+C} \tag{12-5}$$

其中，

$$A=\frac{aR\theta_a K_p}{V}$$

$$B=\frac{aR\theta_a K_p}{V}-\frac{R\theta_a}{V}\frac{\partial q_m}{\partial p}$$

$$C=\frac{aR\theta_a K_i}{V}$$

这样，利用以上传递函数，就可较容易地把握空气容腔内压力控制系统的特性。

12.2.2　温度变化对控制的影响

在实际的空气容腔系统中，通常使用的空气容腔不是等温化压力容器，而是普通的气罐。此时，气罐内温度的变化就不能忽略。

由式（12-3）可见，压力的变化是由取决于流量的项和取决于温度变化的项的和所构成。压力上升时，充气使气罐内温度上升，式（12-3）的第 2 项为正。随后，由于与外界的热交换，温度一点点向大气温度恢复，第 2 项的值趋向于零。因此，这样的温度变化为非线性因素，具有使控制系统的压力响应滞后的作用。特别是需控制压力变化速度时，充气或排气初期的温度变化很激烈，几乎不可控制[49]。

12.3 气缸的定位控制

气缸的定位控制是气动领域研究中涉及最多的课题，被提出的控制器也多种多样。这里阐述一下气缸定位控制的相关知识。

图 12-3 是使用四通流量比例控制阀的位置控制系统。图中位置传感器检测气缸活塞杆的位置并反馈给控制器与目标值进行比较，按下式决定流量比例控制阀的输入：

$$u = K_p(x_{ref} - x) \tag{12-6}$$

式中，K_p是控制器的比例控制系数。其值如果太小，气缸的动作缓慢，并可能达不到目标位置。调大 K_p 值，气缸动作会变快，但很可能变为不收敛，系统开始出现振动。此时，需将速度、加速度、气缸两腔压力等信号反馈到控制器来改善系统的稳定性。这种控制方式称之为状态反馈控制。状态反馈控制中位置信号之外需要怎样的反馈量取决于控制系统的阶数。气缸定位控制系统通常可以近似为 3 阶系统，所以必要的反馈信号应为位置、速度和加速度。

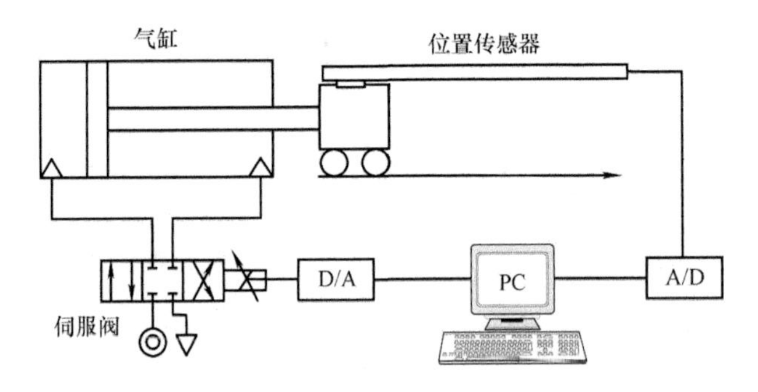

图 12-3　气缸的定位控制

12.4 使用高速开关阀的数字控制

近十几年，开关阀的响应速度得到迅速提升，现在市场上普通小型电磁开关阀的频响都可达到 100Hz。而且，其开关寿命已超过 1 亿次，内部构造简单，可靠性高。由于控制信号为开关量的 ON 和 OFF，适于计算机控制。

如用高速开关阀，必须使用脉冲调制方式进行控制量的模拟量化。脉冲调制方式有：脉冲振幅调制（PAM）、脉冲宽度调制（PWM）、脉冲位置调制（PPM）、脉冲频率调制（PFM）和脉冲符号调制（PCM）等。其中，PWM 和 PCM 为两种主要的调制方式。

PWM 是用一定频率的脉冲序列来驱动开关阀，其脉冲宽度根据输入模拟信号来调节变化。如图 12-4 所示，T_w是载波的周期，T_c是比例于模拟输入信号而变化的开关阀的开阀时间。两者的比 T_c/T_w称为占空比。通过改变此占空可以控制开关阀的开阀时间。反相控制两个三通开关阀就可以获取一个四通伺服阀或比例阀的同等控制功能。

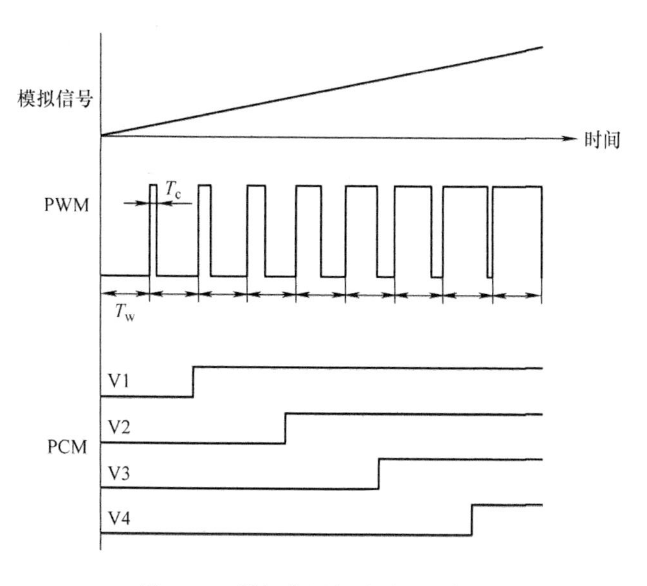

图 12-4　模拟信号与脉冲调制信号

载波的周期 T_w越短，控制中的脉动越小，但其最小值取决于开关阀的频响。通常，希望 T_w与负载的固有周期 T_f 的比值为：

$$T_f/T_w = 5 \sim 7 \tag{12-7}$$

适当选择 T_w，载波的成分将起到对气缸活塞与缸筒内壁间摩擦力进行补偿的效果，有利于低速控制。

PCM 是将模拟信号进行采样后转化为脉冲信号来驱动并列安装的开关阀的

调制方式。如以 n 位分辨率进行采样，通常需要 n 个开关阀。但将各个开关阀的声速流导按 $C_0 : C_1 \cdots C_n = 2^0 : 2^1 \cdots 2^n$ 来设计的话，例如，3 个二通电磁阀的声速流导设计成 1∶2∶4 的话，就可实现 8 种流量控制。但是，声速流导按 2^n 序列排列的电磁阀并不好找，而且现在用串口通信或工业总线的汇流板式电磁阀组被广泛使用，小型电磁阀正在成为主流。因此，相对阶梯变化的电磁阀组而言，使用相同声速流导的 2^n 个电磁阀更容易实现。图 12-4、图 12-5 就是利用声速流导相同的 4 个电磁阀构建的 PCM 调制方式的模拟信号与脉冲调制信号及气动回路。

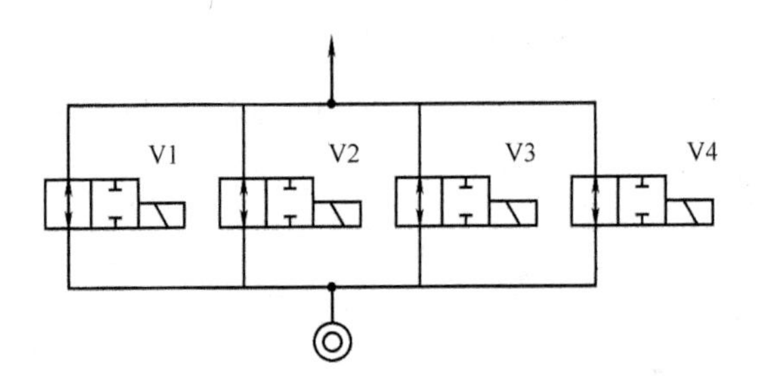

图 12-5　PCM 方式中的开关阀（$n=4$）

第 13 章　等温容器

气罐、大直径管道等气体容腔在气动系统中广泛存在，这些气体容腔可储存压缩空气，一方面，减小系统中空气压缩机排气量的配置，另一方面，可作为缓冲器来平抑系统中的压力波动。由于气体具有可压缩性，容腔中压力变化引起温度变化，由此而引起空气与容器之间的传热，将影响容腔中空气状态的解析。如第 6 章“容器充放气”所述，向容器充气或从容器放气时，容器内的空气温度会激烈变化甚至会在短时间内变化 50℃。由于精确地解算实际的传热非常困难，空气温度变化难以预测和计算。因此，在气动系统的理论解析中，气体状态变化常简化为等温或绝热过程来处理，同时将引入计算误差。

等温容器是日本东京工业大学香川利春教授于 1995 年提出的，是一种容器充放气时空气温度基本不变化的特殊容器[44]。利用该容器的等温性质，可以非常容易地、精密地产生和测量非定常流量，所以该容器在流量测量领域得到了非常广泛的应用。

本章先说明等温容器的工作原理及其等温特性，随后详细介绍其在非定常流量测量、非定常流量产生中的应用。

13.1　什么是等温容器

13.1.1　等温化的有利性

如果容器内空气温度一定，对空气的状态方程式 $pV = mR\theta$ 进行全微分可得：

$$q_m = \frac{\mathrm{d}m}{\mathrm{d}t} = \frac{V}{R\theta}\frac{\mathrm{d}p}{\mathrm{d}t} \tag{13-1}$$

式中，q_m 是空气质量流量；m 是空气质量；t 是时间；V 是容器容积；R 是空气气体常数；θ 是空气温度；p 是空气压力。

由式（13-1）可知，在空气保持等温时，进出容器的瞬时空气质量流量与容器内压力微分值成正比。利用这个性质，可以将直接流量测量转换为间接的压力微分测量。这种基于压力微分值的流量间接测量法，在测量高频响的非定常流量时精度高。而且，直接测量压力微分值的压力微分计的开发也取得了很大的进展[27]，采用压力微分计可避免对压力信号做复杂的微分滤波处理，提高测量精度。

13.1.2 等温原理

对容器进行等温化处理，就是将等温材料填入普通容器[50]。从传热学的角度，对填充的等温材料具有如下的要求：

1）等温材料与空气间的热传递面积充分大。

2）容器内等温材料的热容量远远大于空气。

要满足以上两点要求，等温材料可以是非常细的金属丝。考虑到耐蚀性以及柔韧性，等温材料可采用铜线。铜线越细，传热面积越大，铜线与空气间的传热也越快，但实验表明铜线直径低于20μm时，铜线容易断裂，并随空气一起流出容器外、进入到电磁阀等元器件中，引起气动系统故障。所以实际应用中等温材料一般都是采用直径20~50μm的铜线。表13-1是现在使用最为广泛的直径50μm铜线的等温化参数。

由表13-1可知，铜线与空气的热交换面积大，两者间热交换非常充分迅速，空气的温度可与铜线保持基本一致；另一方面，铜线的热容比容器内空气的热容高一个量级，空气状态变化引起的传热对铜线温度影响很小，因此，空气温度变化可得到有效的抑制。

表13-1 铜线等温化相关参数的计算例

参数	数值
容器体积	5dm^3
铜线充填率	0.4kg/dm^3（铜线体积占有率约5%）
铜线表面积	24m^2（铜线长度153km）
热容量的比值（铜/空气）	19.3①

① 空气压力为0.7MPa时的计算值。压力越低，该值越大。

13.1.3 等温性能

如前所述，等温材料的充填率越高，等温性能越好。但是，随着充填率的提高，充填铜线的成本会上升，而且，能充入容器固定容积内的等温材料也有一个限度。为此，这里改变充填率来确认其对等温性能带来的影响。图 13-1 是采用直径 50μm 的铜线，从充填率 0.4kg/dm³开始，每减少 0.05kg/dm³测一次容器放气时容器内空气压力和温度的变化。放气过程的压力下降速度设定为 0.1MPa/s，放气过程中某一时刻的容器内空气温度采用止停法测量[10]。

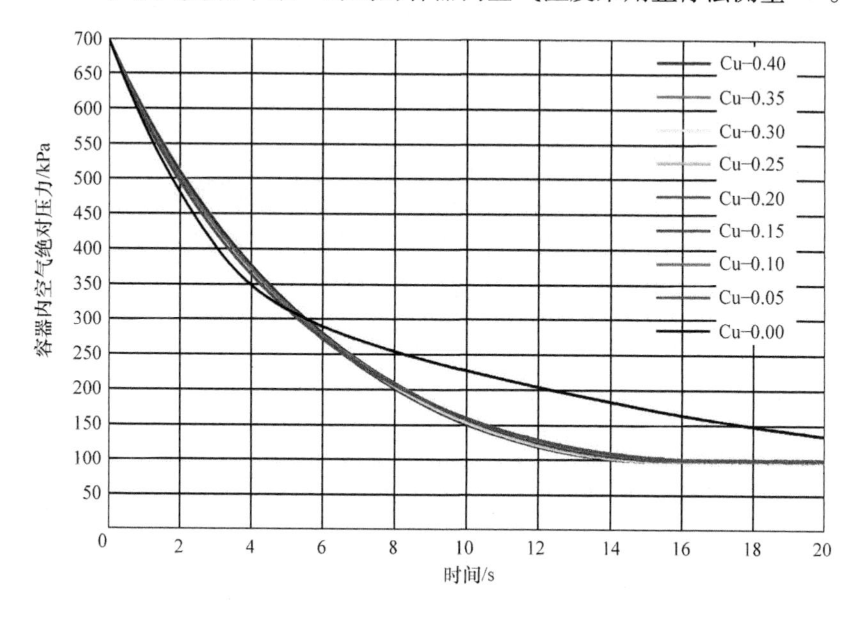

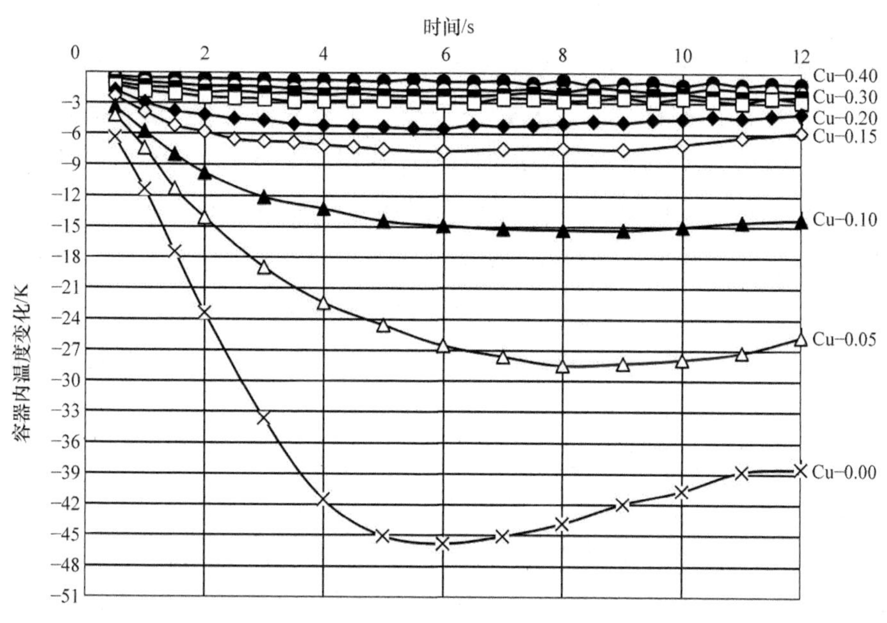

图 13-1　不同充填率下的压力变化和温度变化

图 13-1 中的“Cu－0.40”表示铜线的充填率为 0.4kg/dm^3，其他以此类推。降低充填率时，放气初期压力下降很快，而在放气后期变慢。特别在没有充入等温材料（容器全空）时，压力响应与充入等温材料时比差别很大。这也说明，即使是充入少量的等温材料，对压力响应的影响也很大。关于放气中的温度变化，全空容器放气时，容器内空气温度下降 46K，低于零度，以致安装在容器下流的电磁阀处发生结露。与此形成对照的是，充入等温材料后的容器，在充填率 0.4kg/dm^{3}时温度下降仅为 1K。

如图 13-1 所示，在压力下降速度为 0.1MPa/s 时，要使等温容器内的温度控制在 1% 以内，即，热力学温度变化 3K 以内，充填率需在 0.25kg/dm^{3}以上。因此，往容器中填入适当比率的等温材料，可实现空气压力按给定速率变化时，空气的温度变化控制在 1% 以内。这样的容器被称为“等温容器”，可以认为等温容器内部空气的温度趋近于大气温度。

13.2　等温容器的应用

13.2.1　流量特性的测量

根据第 5 章，气动元器件的流量特性由声速流导和临界压力比来表示，并通过保持上流压力不变或使下流向大气开放，改变节流阀的开度，来调节流过被测元器件的上下流压力和流量，再用流量计测量定常流状态下的流量，来测量被测元器件的流量特性[5]。由于绝大多数的流量计动态响应慢，无法测量非定常流量，上述流量特性测量的方法通过切换压力，逐点测量不同压力下的流量，这种切换将引起空气的非定常流，从而影响流量测量的准确性，实测中需等待气流达到稳定后测量，所以测量时间长，耗气量大，且需要量程比非常高的流量计或几个流量计。

利用等温容器测量非定常流量，可以实现不同压力条件下流量的连续测量。使等温容器中预先充好的压缩空气通过被测元器件向大气放出，由测量容器内压力微分即可测量整个放气过程中任意时刻的瞬时流量，避免采用上述动态响应慢的流量计，流量测量精度可达到 1%，一次放气过程就可测出被测元器件的压力流量关系曲线，耗气量少，测量时间只需十几秒[45]。

测量装置如图 13-2 所示。测量步骤如下：

1）通过减压阀调定供气压力向等温容器中充气。

2）关闭供给管道上的截止阀，用计算机控制打开被测气动元器件前的电磁阀，使等温容器内的压缩空气通过被测气动元器件向大气放气。与此同时，将容器内压力记录到计算机。

3）等容器内压力降到大气压，关闭被测气动元器件前的电磁阀，结束测量。

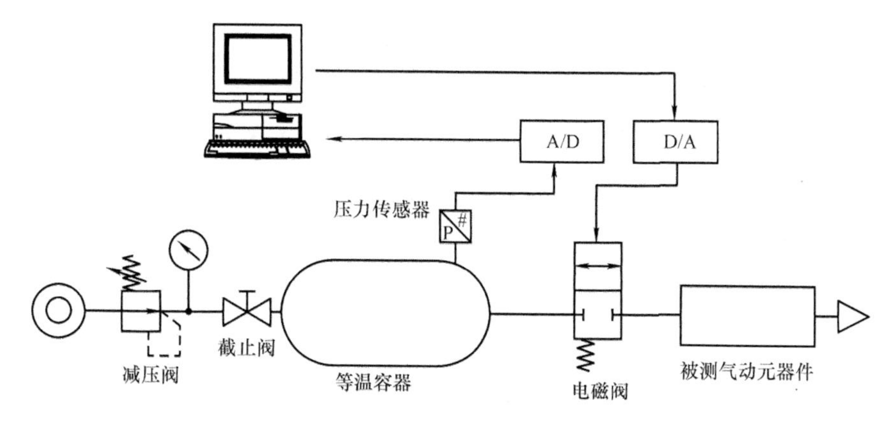

图 13-2　利用等温容器测量气动元器件流量特性的测量装置

记录的容器内空气压力变化的波形如图 13-3a 所示。根据式（13-1），对此波形进行微分可得到图 13-3b 所示的压力流量特性曲线。根据这个特性曲线，可求出被测气动元器件的声速流导和临界压力比。实验结果表明，该方法测量的声速流导的误差在 2% 以内，临界压力比的误差在 ±0.05 以内[46]。

以上的流量特性测量方法采用压力测量替代流量测量，属于动态测量方法，与 ISO 6358 规定的逐点静态测量方法相比，测量时间缩短约 70%，耗气量减少 95% 以上。该方法已被制定为 ISO 6358 流量特性测量的替代方法。

13.2.2　空气消耗量的测量

气动喷枪、气动工具等在气动系统中耗气比重高的气动元器件，其空气消耗量的测量和把握对于气动系统的节能非常重要。但是，无论是测量大流量，还是波动幅值大、瞬时变化的流量在实际中都并非易事。因此，在工业现场，对使用过程中耗气流量不断快速变化的气动工具等的空气消耗量，基本上都处

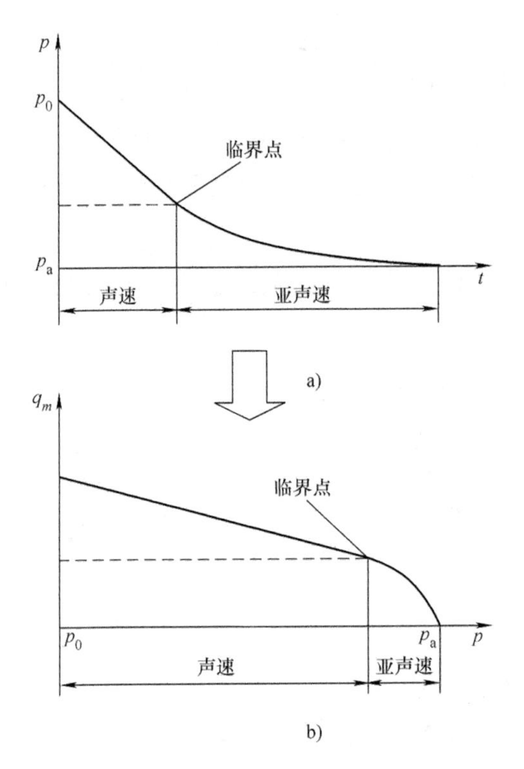

图 13-3　放气时的压力响应和压力流量特性曲线

于无法测量状态。如果利用等温容器，它们的测量将变为可能[55]。

测量装置如图 13-4 所示，由层流式流量计、等温容器和被测气动元器件等构成。这里，等温容器起到平缓压力变化、从而平缓流过层流式流量计流量的作用。流入等温容器的流量用层流式流量计测量，流入流出等温容器的瞬时流量差用等温容器内的压力变化来测量。这样，二者之和就是被测气动元器件的瞬时消耗流量。

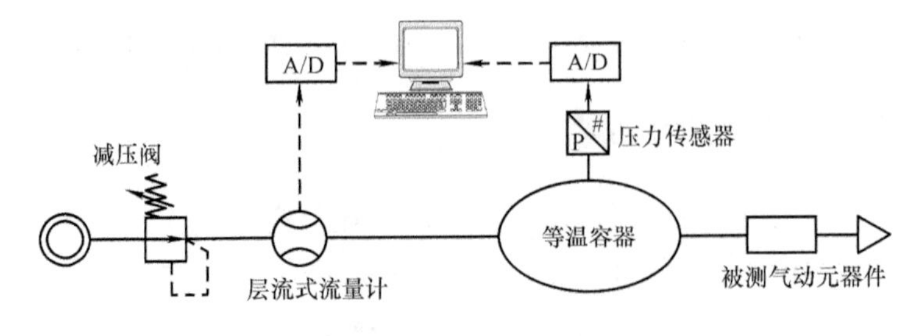

图 13-4　利用等温容器测量空气消耗流量的测量装置

图 13-5 是用以上测量装置测量气动起子空气消耗流量的结果。气动起子起动时，等温容器迅速发挥缓冲作用，等温容器内压力迅速下降，净流出流量大。随后，等温容器内压力逐渐趋稳，净流出流量趋于零，气动起子消耗流量与层流式流量计的流量变为一致。图中横坐标为 4.5s 时停止气动起子后，由于此时气动起子消耗流量为零，通过层流式流量计的流量全部用于充填等温容器，进入等温容器的流量与流过层流式流量计的流量基本一致。

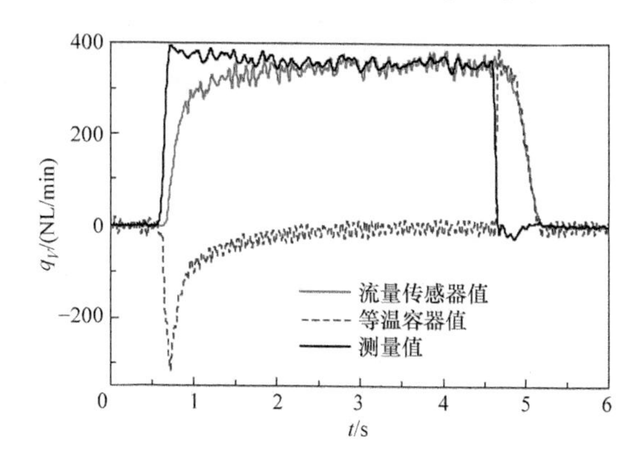

图 13-5　气动起子空气消耗流量的测量结果

13.2.3　非定常流量的产生

近些年，为了实现高精度、高频响的气动伺服控制系统，瞬时流量的测量和反馈变得十分重要。高频响流量计的开发逐渐趋热，流量计动特性的测量和校正也变为必要。但是，由于气体的密度是温度和压力的函数，非定常流量的测量极其困难。而且，气体用流量计的动特性测量方法也未确立，也缺乏相应的国际标准。因此，在市场上销售的流量计响应性能的评价及校正都存在很大的问题。利用等温容器的非定常流量产生装置有利于该问题的解决[26]。

非定常流量产生装置的构成如图 13-6 所示。由于等温容器的放气流量与容器内压力变化成正比，根据目标放气流量可以计算出容器内压力变化的目标曲线，再控制下流的伺服阀来对容器内压力按目标曲线进行控制，就可得到设定的目标放气流量。

图 13-7 是用非定常流量产生装置测量层流式流量计动特性的结果。非定常流量产生装置产生的平均流量为 40NL/min，振幅为 30NL/min，频率 30Hz 的正

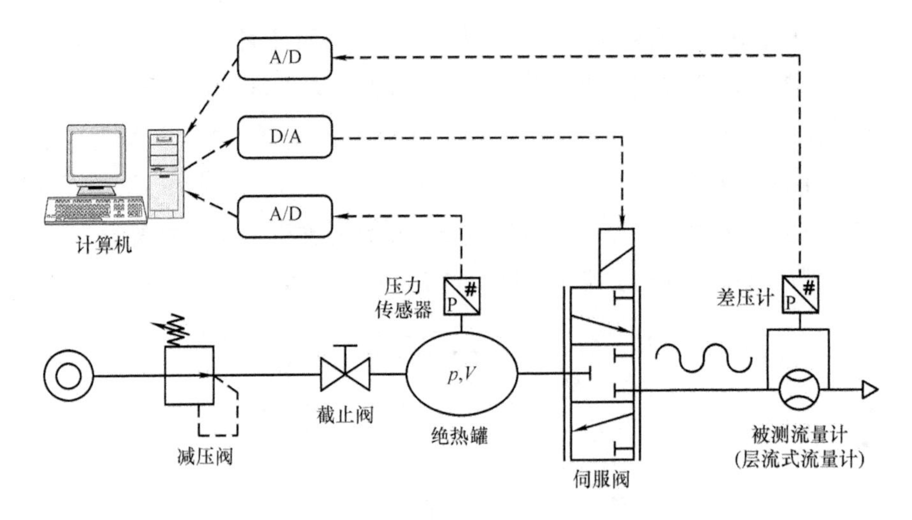

图 13-6 利用等温容器的非定常流量产生装置

弦波流量。层流式流量计测得的流量与流量产生装置产生的流量非常吻合。实践表明，以上非定常流量产生装置可在5%精度范围内产生频率100Hz的非定常流量。

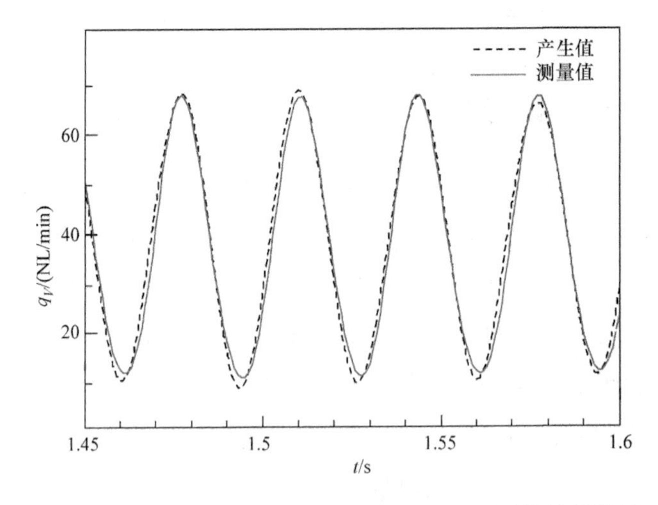

图 13-7 非定常流量产生装置测量层流式流量动特性的结果

参考文献

[1] OSBORNE R. On the flow of gases [J], The London, Edinburgh, and Dublin Philosophical Magazine and Journal of Science, 1886, 21 (130): 185 - 199.

[2] 妹尾満，等. 空気圧用配管の流量特性に関する研究，平成15年春季フルードパワーシステム講演会論文集 [C]，東京：日本フルードパワーシステム学会，2003.

[3] 日本機械工業連合会，日本フルードパワー工業会. 空気圧機器の特性表示方法と試験方法の規格化に関する調査研究報告書 [R]，2003.

[4] ONEYAMA K, TAKAHASHI T, TERASHIMA Y, et al. Study and suggestion on flow - rate characteristics of pneumatic components [C], Proceedings of the 7th international Symposium on Fluid Control, Measurement and Visualization, 2003.

[5] 香川利春，蔡茂林. 空気圧機器の流量特性の表示方法と試験方法についての新提案 第6回 代替試験法 (2) -等温化放出法 [J]. 油空圧技術，2003, 42 (12): 58 - 64.

[6] 香川利治. 空気圧抵抗容量系の動特性における熱伝達の考察 [J]. 油圧と空気圧，1981, 12 (3): 209 - 212.

[7] 香川利春，清水優史. 空気圧抵抗容量系の熱伝達を考慮した無次元圧力応答（空気圧抵抗容量系の絞りが閉塞状態壱伴う場合のステップ応答）[J]. 油圧と空気圧，1988, 19 (4): 308 - 311.

[8] 香川利春. 空気圧抵抗容量系の動特性 [J]，油圧と空気，1986, 17 (3): 205 - 212.

[9] 日本機械工業連合会. 空気圧システムの使用者及び製造業者に対する空気圧システムの省エネルギー動向のアンケート調査，平成13年度空気圧機器複合システムの省エネルギー化に関する調査研究報告書 [R]. 2002.

[10] 蔡茂林. 现代气动技术理论与实践 第一讲：气动元件的流量特性 [J]. 液压气动与密封，2007, 27 (2): 44 - 48.

[11] KAM W LI. Applied Thermodynamics - availability Method and Energy Conversion [M]. Taylor&Francis, 1995.

[12] MAOLIN C, KENJI K, TOSHIHARU K. Power Assessment of Flowing Compressed Air [J]. Journal of Fluids Engineering. Transactions of the ASME, 2006, 128 (2): 402 - 405.

[13] 蔡茂林，藤田壽憲，香川利春. エアエクセルギによる空気圧エネルギー評価 [J]. 油空圧講演論文集，2001, 13 (1): 85 - 87.

[14] 蔡茂林，舩木達也，川嶋健嗣，等. 省エネのためのエアパワーメータの開発 [J]. 平成15年度春季フル-ドパワ-システム講演会講演論文集 [C]. 2003.

[15] 谷下市松. 工業熱力 [M]. 东京: 東京華房, 1981.
[16] 北川能. 油空圧管路系のダイナミクス 管路の動特性の取り扱い 管路動特性の基礎とさまざまなモデルの紹介 [J]. 油空压技术, 1996, 35 (11): 1 –5.
[17] ATKINS T., Escudier M. Blasius pipe – friction law [M]. Oxford: Oxford University Press, 2013.
[18] 李荣华. 偏微分方程数值解法 [M]. 北京: 高等教育出版社, 2005.
[19] 彭光正. 管道动态特性分析及其在非定常流量测量中的应用研究 [D]. 哈尔滨工业大学博士论文, 1990.
[20] 藤田壽憲. 空気圧シリンダシステムの動特性に関する研究 [D]. 東京工業大学, 1998.
[21] 香川利春, JANG J, PAN W, 等. 空気圧シリンダシステムの動作特性に関する研究 サーボ駆動時のシリンダ室内空気温度変化について [J]. 油圧と空気圧, 28 (4): 444.
[22] 渡嘉敷ルイス, 藤田壽憲, 香川利春. 管路を含む空気圧シリンダシステムのシミュレーション [J]. 油圧と空気圧, 1997, 28 (7): 766 –771.
[23] 藤田寿憲, 香川利春, 渡嘉敷ルイス, 等. メータアウト駆動時における空気圧シリンダの応答解析 [J]. 油圧と空気圧, 1998, 30 (4): 262 –263
[24] 蔡茂林. 现代气动技术理论与实践 第四讲: 压缩空气的能量 [J]. 液压气动与密封, 2007, 27 (5): 54 –59.
[25] 蔡茂林, 藤田壽憲, 香川利春. 空気圧シリンダの作動における有効エネルギー収支 [C]. 日本フルードパワーシステム学会論文集, 2002, 33 (4): 91 –98.
[26] SMC (中国) 有限公司. 现代实用气动技术 [M]. 北京: 机械工业出版社, 2004.
[27] 蔡茂林. 现代气动技术理论与实践 第二讲: 固定容腔的充放气 [J]. 液压气动与密封, 2007, 27 (3): 43 –47.
[28] 小根山尚武. 空気圧メーカーは省エネルギーについてどのような試みをしてきたか [J]. 油圧と空気圧, 1996, 27 (3): 372 –377.
[29] 浜浦永行, 藤田壽憲, 香川利春. 空気 –空気増圧器の特性解析 [C]. 平成 6 年秋季油空圧講演会, 東京: 日本油空圧学会, 1994.
[30] 竹内修治等. 膨張型増圧器の特性解析 [C]. 平成 7 年秋季油 E 講演会, 1995.
[31] 日本フルードパワーシステム学会. 空気圧システム入門 [M]. 东京: 日本フルードパワーシステム学会, 2003.
[32] MIYAJIMA T, SAKAKI K, SHIBUKAWA T, et al. Development of pneumatic high precise po-

sition controllable servo valve [C]. Proceedings of the 2004 IEEE International Conference on Control Applications, 2004.

[33] 宮島隆至，川嶋健嗣，香川利春，等．高精度サーボ弁による空気圧サーボテーブルの定速度制御の高精度化［C］．計測自動制御学会産業応用部門大会講演論文集，2003.

[34] 蔡茂林．现代气动技术理论与实践 第六讲：压力调节阀［J］．液压气动与密封，2008，28（1）：53－58.

[35] 加藤友規，柳澤通雄，舩木達也，等．超精密空気ばね式除振台の圧力制御［C］．精密工学会学術講演会講演論文集 2004 年度精密工学会春季大会，精密工学会，2004.

[36] KAGAWA T. Heat transfer effects on the frequency response of a pneumatic nozzle flapper [J]. Journal of Dynamic Sys－tems Measurement, and Control, Transactions of the ASME, 1992, 107 (4): 332－336.

[37] 荒木獻次，陳乃克，石野裕二．力平衡型ノズルフラッパ式電空圧力変換器空気圧回路の特性解析 第一報 ノズルフラッパ間隙対出力圧特性［J］．油圧と空気圧，1995，26（2）：184－190.

[38] 遠藤知幸，小泉智志．鉄道車両の空気圧 アクティブコントロールシステム［J］．フルードパワーシステム：日本フルードパワーシステム学会誌，2003，34（3）：169－173.

[39] KAWASHIMA K, SASAKI T, OHKUBO A, et al. Application of robot arm using fiber knitted type pneumatic artificial rubber muscles [C]. IEEE International Conference on Robotics and Automation, 2004.

[40] 彭光正，余麟，刘昊．气动人工肌肉驱动仿人灵巧手的结构设计［J］．北京理工大学学报，2006，26（7）：593－597.

[41] 只野耕太郎，川嶋健嗣．空気圧サーボを用いた力センシング機能を有する多自由度かん子システムのバイラテラル制御［J］．日本コンピュータ外科学会論文誌，2005，7（1）：25－31.

[42] MIYAJIMA T, IIDA H, FUJITA T, et al. Precise Position Control of Pneumatic Servo System Considered Dynamic Characteristics of Servo Valve [C]. Proceedings of the JFPS International Symposium on Fluid Power. The Japan Fluid Power System Society, 2005.

[43] 張志城，香川利春，藤田壽憲，等．空気圧容器と簡易比例弁により構成される圧力制御計の特性［J］．油圧と空気圧，1996，27（4）：544－549.

[44] 加藤友規，川嶋健嗣，香川利春．等温化圧力容器を応用した圧力微分計の提案［C］.

計測自動制御学会論文集，2004.

[45] 舩木達也，仙石謙治，川嶋健嗣，等．等温化圧力容器を用いた空気圧機器消費流量測定装置の開発［C］. 日本フルードパワーシステム学会論文集，2005.

[46] 川嶋健嗣，藤田壽憲，香川利春．等温化圧力容器を用いた空気の非定常流量発生装置［C］. 計測自動制御学会論文集，1998.